BIBLIOTHÈQUE
DES MERVEILLES

PUBLIÉE SOUS LA DIRECTION
DE M. ÉDOUARD CHARTON

LES

GLACIERS

PARIS. — IMP. SIMON RAÇON ET COMP., RUE D'ERFURTH, 1.

LES GLACIERS

PAR

ZURCHER ET MARGOLLÉ

ILLUSTRÉS DE 45 GRAVURES SUR BOIS

PAR L. SABATIER

L'âme qui sait atteindre à la cime où nous sommes
S'y rapproche de Dieu sans s'éloigner des hommes
Elle est là pour descendre et monter tour à tour,
Et, des sommets parés de neige et de bruyères,
Elle s'élance au ciel en gerbes de prières,
Et revient sur la terre en semences d'amour.

VICTOR DE LAPRADE. — *Symphonie alpestre.*

DEUXIÈME ÉDITION
REVUE ET AUGMENTÉE

PARIS
LIBRAIRIE DE L. HACHETTE ET CIE
BOULEVARD SAINT-GERMAIN, N° 79

1870

LES GLACIERS

I

LA GLACE

Congélation de l'eau. — Force expansive de la glace. — Fleurs de la glace. — Glacières naturelles. — Glace atmosphérique. — Regel et moulage de la glace. — Glace glaciaire. — Stratification et structure veinée de la glace. — Séracs. — Glace de fond. — Glace de surface. — Palais et huttes de glace. — Commerce de la glace aux États-Unis.

CONGÉLATION DE L'EAU. — FORCE EXPANSIVE DE LA GLACE

Dans le phénomène du refroidissement de l'eau, la marche ordinaire de la nature paraît subir un arrêt. Le liquide diminue d'abord de volume comme tous les corps, mais, quand il arrive à la température de 4° centigrades, il atteint sa plus grande densité. La contraction cesse, et, à mesure que le froid augmente, la dilatation recommence. Lorsque enfin l'eau se congèle, une expansion soudaine se produit.

Cette expansion s'opère avec une force irrésistible. Une bouteille de fer à parois très-épaisses, remplie d'eau et fermée par une vis, éclate en morceaux quand elle est plongée dans un mélange réfrigérant. La ténacité du métal ne peut lutter contre la puissance produite par le nouvel arrangement des molécules. Des canons de bronze remplis d'eau et solidement bouchés se déchirent comme de minces tuyaux quand on les place dans une atmosphère à plusieurs degrés au-dessous de zéro. Les rochers les plus durs, s'ils emprisonnent de l'eau dans leurs fentes, se brisent par l'effet du froid, justifiant le dicton populaire : « Il gèle à pierre fendre. » Les pierres qu'on désigne sous le nom de *gélives* doivent leur décomposition en menus fragments à l'eau qui les a pénétrées et qui s'est solidifiée dans leurs pores.

La formation de la terre végétale doit être principalement attribuée à la force expansive de la glace. L'immense couche superficielle où plongent les racines et où s'élabore toute vie n'est que la poussière des roches primitives, détachée parcelle à parcelle dans le cours des siècles par les agents atmosphériques et surtout par l'action des gelées.

A un autre point de vue encore, l'extrême importance de l'expansion anormale de l'eau dans l'économie de la nature doit être signalée. Supposons un lac soumis au rayonnement nocturne pendant l'hiver et sous un ciel serein. L'eau de sa surface se refroidit et se contracte. Elle devient plus lourde et descend vers le fond, d'où remonte une eau plus légère, qui, au bout de quelque temps, est refroidie à son tour. Entre l'eau superficielle et celle du fond s'établit ainsi une circulation continue, laquelle, selon la loi ordinaire des densités, ne devrait s'arrêter que lorsque la masse entière du lac se serait transformée en glace, transformation qui amènerait la destruction de tous les êtres vivants qu'il renferme. Mais, comme au-dessous de 4° l'eau se dilate, c'est l'eau froide qui vient flotter sur les couches les plus chaudes ; la solidification commence, et la glace ne s'étend qu'à une petite distance de la surface, formant un abri qui protége les poissons et les autres animaux.

Si la glace, en se liquéfiant, se contracte, c'est que l'arrangement de ses atomes exige plus d'espace dans l'état solide que dans l'état liquide. Ces parties élémentaires peuvent être disposées de telle manière qu'il reste entre leurs angles des espaces intermédiaires plus grands, et, cet effet de dilatation étant produit par le refroidissement, on est conduit à penser qu'en empêchant l'expansion de la masse par une pression extérieure, elle resterait plus longtemps à l'état liquide, c'est-à-dire que le point de fusion serait abaissé. Le physicien anglais Thompson a pu vérifier ce fait en comprimant un morceau de glace entre les plaques d'une presse hydraulique. Des stries obscures se manifestaient aussitôt dans l'image projetée par un rayon de lumière qui traversait cette glace. Bien que la température eût été maintenue à zéro, ces stries indiquaient des couches liquides dont on parvenait à distinguer la surface en regardant obliquement dans l'intérieur du bloc. La cristallisation était donc rendue impossible par la pression, et se révélait comme la véritable cause de l'expansion de la glace.

FLEURS DE LA GLACE

Le rôle de la cristallisation apparaîtra mieux encore si nous jetons avec M. Tyndall un regard plus profond sur le constitution intime de la glace. « A toutes les températures au-dessus de 0° C., dit l'éminent professeur dans une de ses belles leçons à l'Institution royale de Londres, le mouvement de la chaleur est suffisant pour tenir les molécules de l'eau dégagées de leur union rigide. Mais à 0° le mouvement est si réduit que les atomes s'accrochent alors les uns aux autres et s'unissent en un solide. Cette union toutefois est soumise à des lois. Pour plusieurs personnes ici présentes, ce bloc de glace ne semble pas présenter plus d'intérêt et de beauté qu'un bloc de verre ; mais, pour l'esprit éclairé du savant, la glace est au verre ce qu'un oratorio de Hændel est aux cris de la rue ou du marché. La glace est une musique, le verre est un bruit ; la glace est l'ordre, le verre est la confusion. Dans le verre, les forces moléculaires ont abouti à un écheveau embrouillé inextricable ; dans la glace, elles ont su tisser une broderie régulière dont je veux vous révéler les merveilleux dessins.

« Comment m'y prendrai-je pour disséquer cette glace ? Un faisceau de lumière solaire ou, à son défaut, un faisceau de lumière électrique seront l'anatomiste habile auquel je confierai cette opération. Je lancerai ce faisceau directement de la lampe à travers cette plaque de glace transparente. Il mettra en pièces l'édifice de glace, en renversant exactement l'ordre de son architecture. La force cristallisante avait silencieusement et symétriquement élevé atome sur atome ; le faisceau électrique les fera tomber silencieusement et symétriquement. Je dresse la plaque de glace en face de la lampe, et la lumière passe maintenant à travers sa masse. Comparez le faisceau lumineux entrant avec le faisceau sortant : pour l'œil il n'y a pas de différence sensible ; l'intensité de la lumière est à peine diminuée. Il n'en est pas ainsi de la chaleur. En tant qu'agent thermique, le faisceau, avant son entrée, est bien plus puissant qu'après son émergence. Une portion s'est arrêtée dans la glace, et cette portion est l'anatomiste que nous voulions mettre en jeu. Que fait-il? Je place une lentille en avant de la glace sur l'écran. Observez cette image (page 6), dont la beauté est encore bien loin de l'effet réel. Voici une étoile ; en voilà une autre ; et, à mesure que l'action continue, la glace parait se résoudre de plus en plus en étoiles, toutes de six rayons, et ressemblant à une belle fleur. En faisant aller et venir la lentille, je mets en vue de nouvelles étoiles ; et, à mesure que l'action continue, les bords des pétales se couvrent de dentelures semblables à celles des feuilles de fougère. Probablement, très-peu de personnes ici présentes étaient initiées aux beautés cachées dans un bloc de glace. Et pensez que la prodigue nature opère ainsi dans le monde tout entier. Chaque atome de la croûte solide qui couvre les lacs glacés du Nord a été formé suivant la loi que nous venons de faire connaître. La nature dispose tout avec harmonie, et la mission de la science est de rendre nos organes capables de saisir ses accords.

« J'appelle maintenant votre attention sur un autre point intéressant de cette expérience. Vous voyez ces fleurs éclairées par la lumière qui les traverse. Mais, si vous les examinez en faisant tomber sur elles un rayon qu'elles réfléchiront et renverront à votre œil, vous verrez au centre de chacune une tache qui a le lustre de l'argent bruni. Vous seriez tentés de croire que cette tache est une bulle d'air ; mais, en l'immergeant dans l'eau chaude, vous pouvez fondre la glace tout autour de la tache ; et, au moment où elle restera seule, vous la verrez s'affaisser et disparaitre sans aucune trace d'air. Cette tache est un vide. Voyez avec quelle fidélité à elle-même la nature opère, combien, dans toutes ses opérations, elle reste enchaînée à ses propres lois. Nous savons que la glace en fondant se contracte, et nous prenons ici cette contraction sur le fait. L'eau des fleurs ne peut remplir l'espace occupé par la glace dont la fusion leur a donné naissance ; de là la production d'un vide, compagnon inséparable de chaque fleur liquide[1]. »

Le morceau de glace compacte dont les éléments sont doués de si belles formes est-il lui-même un cristal, c'est-à-dire un corps composé de molécules cristallines orientées de la même manière ? Le physicien anglais Brewster a résolu cette question en employant comme moyen d'analyse la lumière modifiée qu'on appelle *lumière polarisée*, très-propre à mettre en évidence les particularités de la constitution intime des corps, par les figures colorées que cette lumière dessine sur un écran après les avoir traversés. Tous les cristaux à un axe, tels que le spath d'Islande, par exemple, donnent une série d'anneaux revêtus de brillantes couleurs et traversés par une croix très-régulière entièrement noire. La glace donnant les mêmes figures, on est conduit à lui attribuer le même genre de cristallisation. Il faut remarquer toutefois que nous ne parlons que de la glace épaisse formée sur nos canaux et nos lacs. Si on prenait la première couche qui apparaît à la surface de l'eau, on y reconnaîtrait une cristallisation tout à fait irrégulière, le faisceau de lumière polarisée ne produisant qu'une mosaïque aux couleurs variées, mais disposées sans aucun ordre. Il est facile d'ailleurs de rendre compte de la formation de cette couche. Les portions de la masse fluide qui sont en contact avec l'air gèlent les premières, mais chaque molécule de glace abandonne de la chaleur

____

[1] *La chaleur considérée comme un mode du mouvement;* traduit par M. l'abbé Moigno.

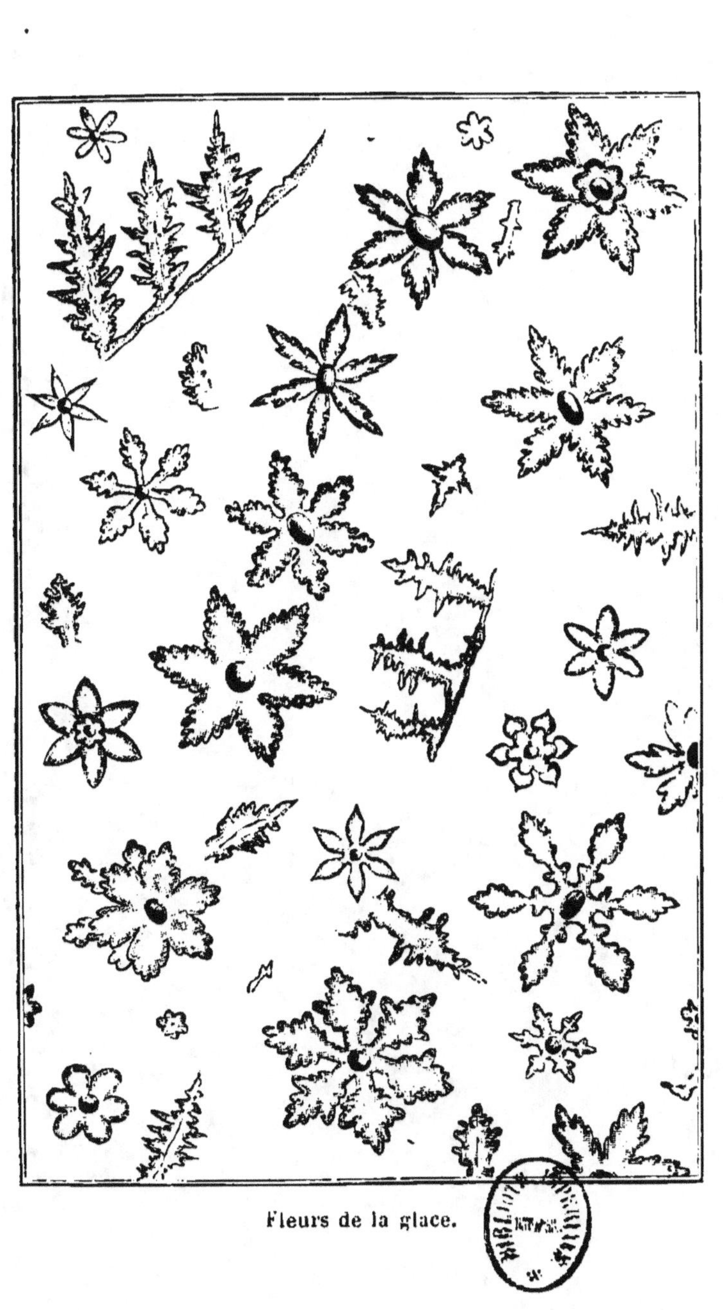

Fleurs de la glace.

à l'eau voisine, qui par là s'échauffe un peu, et il en résulte une congélation partielle. La surface observée alors présente une foule de fines aiguilles croisées dans tous les sens et formant comme un réseau de glace dont les mailles se remplissent peu à peu. Quand le réseau s'est changé en lame continue, les pertes de chaleur sont de plus en plus diminuées par cette enveloppe, à mesure qu'elle s'épaissit ; mais le développement de la glace a toujours lieu par de longues aiguilles entrelacées, comme on peut le voir en enlevant un morceau et en examinant le relief intérieur.

Dans les pays froids le givre revêt souvent les vitres des appartements d'admirables dessins. Une cristallisation analogue à celle que nous venons de décrire y fait apparaître des palmes et des fougères de glace à rameaux délicatement dentelés, qui se croisent et s'enchevêtrent comme dans une forêt.

GLACIÈRES NATURELLES

Dans les régions montagneuses on rencontre des grottes ou des cavernes disposées de telle manière, que l'air y reste stagnant et à une basse température. L'eau pénétrant lentement et quelquefois goutte à goutte par les fissures de la voûte se congèle et forme des amas de glace soumis rarement à un dégel partiel. Plusieurs de ces amas constituent une précieuse provision en été et présentent en outre quelquefois, par l'agencement des concrétions et des cristallisations, une décoration admirable. Nous citerons la description de la glacière naturelle de Fonteurle, située dans le département de la Drôme, au nord de Die et sur le bord d'un plateau élevé de plus de 1,700 mètres au-dessus du niveau de la mer. La caverne qui la renferme n'a que 60 mètres de long; mais, comme le sol penche considérablement vers le nord, on présume que de ce côté elle communique avec d'autres cavernes de la même montagne. Le long des parois de la grotte, des stalactites calcaires suspendues à la voûte vont rejoindre le sol sous forme de draperies brodées ou plissées. Le milieu du souterrain est occupé par une masse de glace inclinée, composée de petits cristaux en hexaèdres ou prismes à six faces, limpides comme le cristal de roche. Sur ce bassin gelé descendent, du haut de la grotte, des stalactites creuses, également de glace diaphane et cristallisée sous forme de petits prismes; l'intérieur de la grotte paraît ainsi être entièrement en cristal, tandis que des sculptures naturelles d'albâtre décorent les parois.

« Pour jouir de toute la beauté de ce spectacle, il faut éclairer l'intérieur de quelques-uns des piliers de glace, comme fit une société de voyageurs qui visita la glacière en 1805. Alors tout étincelle et reflète les plus brillantes nuances de la lumière; on se croirait transporté au milieu d'un palais de diamants, de rubis et de topazes, comme dans les contes arabes.

« Il est fâcheux, pour les curieux qui visitent la glacière de Fonteurle, que les habitants du pays connaissent l'utilité de ce dépôt de glace naturel; ils l'exploitent en été, sans qu'il leur en coûte rien. Ceux qui ont pénétré les premiers dans la grotte ont joui d'un spectacle préparé pour eux pendant des siècles, et dont on ne voit plus à présent que les débris[1]. »

Dans les *Annales des mines*[2], M. Héricart de Thury parle

---

[1] Depping. *Merveilles et beautés de la France.*
[2] Tome XXXIII.

d'une visite qu'il fit à cette glacière. Il trouva les grandes stalactites tout à fait vides, formant des géodes et tapissées à l'intérieur de belles aiguilles parfaitement cristallisées. Un examen attentif lui fit découvrir qué ces cristaux n'é- taient pas tous des prismes hexaèdres. Il remarqua aussi des prismes triangulaires. Sur quelques échantillons de prismes hexaèdres qui avaient jusqu'à $0^m,005$ de dia- mètre, les arêtes terminales, à la jonction de la base et des faces latérales du prisme, étaient remplacées par des facettes. Nulle part il ne put découvrir de pyramide com- plète.

MM. Pictet et Colladon, naturalistes de Genève, donnent des détails analogues sur des glacières situées dans le Jura. Celle de Saint-George, élevée de 850 mètres au-dessus du lac de Genève, présentait à la fin de juillet 1822 une sur- face glacée de 25 mètres de longueur, et d'une largeur moyenne de 13 mètres. Toutes les grottes visitées par ces naturalistes étaient disposées de manière à empêcher le renouvellement de l'air, et cette circonstance rend compte de l'extrême lenteur avec laquelle y fondent les grandes masses de glace formées pendant les hivers rigoureux. Par sa plus grande pesanteur relativement à l'air chaud, l'air froid se maintient dans les cavités où aucun courant ne peut s'établir, et où la terre, si mauvaise conductrice de la chaleur, n'en laisse guère pénétrer. La température observée dans l'intérieur des glacières naturelles pendant les mois les plus chauds de l'année est de 1° seulement, et il faudrait plusieurs étés pour fondre la glace accumulée, même dans le cas où elle ne se reformerait pas chaque hiver.

Les fleurs à six pétales qui, sous l'impression d'un

Fleurs de la neige.

rayon du soleil ou de lumière électrique, naissent sponta-
nément dans un bloc de glace, se retrouvent dans le

flocon de neige soumis à l'observation microscopique.

Au sein de l'air calme des hautes régions de l'atmosphère, les molécules aqueuses forment les figures les plus élégantes et les plus variées, quoique construites exactement sur le même type. Ce sont toujours des étoiles hexagonales (fig. 2). D'un noyau central partent six aiguilles formant deux à deux des angles de 60 degrés, et ayant généralement des dentelures où le même angle se retrouve. Ces aiguilles sont souvent terminées par des centres secondaires également entourés d'hexagones réguliers. Les combinaisons de ces éléments géométriques sont innombrables et dépendent de l'intensité du froid pendant la formation de la neige. La plus grande variété se manifeste dans les régions polaires, où le navigateur anglais Scoresby a dessiné plus de deux cents figures entièrement différentes. Leur forme variait quelquefois d'une averse de neige à l'autre. A mesure que la température s'abaissait, la cristallisation devenait plus compliquée, sans cesser de présenter une parfaite régularité. Dans les grands froids, et sous un ciel serein, ces fleurs de neige répandent un vif éclat, en réfléchissant les rayons du soleil sur leurs mille facettes étincelantes.

Lorsque la neige s'étend sur nos champs, elle forme un manteau d'une admirable efficacité pour protéger contre l'action d'un froid trop vif les semences confiées à la terre. On observe même sur les montagnes une active végétation sous la neige. Les rayons du soleil qui frappent un sommet élevé ont perdu beaucoup moins de force par l'absorption de l'atmosphère que ceux qui descendent dans la plaine; ils échauffent davantage le sol, dans lequel ils se propagent de proche en proche en fondant les couches glacées qui le touchent. Souvent le voyageur qui met le pied sur le bord d'un champ de neige, rompt la croûte superficielle, et voit apparaître de charmantes fleurs alpestres, que la chaleur a fait éclore sous le dais qui les protégeait contre les froids accidentels dont les mauvais temps sont toujours accompagnés sur les hautes montagnes. D'un autre côté, la neige peut produire par son poids des effets très-nuisibles sur les végétaux. Nous avons vu, dans le midi de la France, de grands pins se rompre sous la couche épaisse de neige dont une bourrasque subite avait chargé les branches.

La glace apparaît encore dans l'atmosphère sous forme de grêle. Elle précède ou accompagne les pluies d'orage. Dès que les dimensions des globules dont elle se compose cessent d'être très-petites, elle devient un fléau redoutable pour l'agriculture, menaçant quelquefois jusqu'à la vie de l'homme ou des grands animaux. Des témoignages incontestables établissent qu'en différents endroits il est tombé des grêlons qui pesaient plus d'un quart de kilogramme. Le plus souvent ces grêlons sont sphériques ou lenticulaires. La forme anguleuse est rare. Un noyau de neige spongieuse est d'ordinaire placé au centre des grêlons : autour de ce centre, on distingue une masse plus ou moins épaisse de glace diaphane et quelquefois des couches alternativement diaphanes ou opaques. La structure rayonnante paraît tout à fait exceptionnelle.

REGEL ET MOULAGE DE LA GLACE

Le physicien anglais Faraday a appelé l'attention, il y a quelques années, sur une curieuse expérience. Ayant séparé un morceau de glace en deux, il rapprocha les fragments au moment où la fusion s'opérait à leur surface, et ils se ressoudèrent immédiatement. Cet effet, qui se produit même dans l'eau chaude, peut s'expliquer de la manière suivante. Lorsque la température de l'eau s'élève, ce sont les molécules de la surface qui les premières deviennent liquides, puis gazeuses : étant placées en dehors de l'action coercitive des molécules environnantes, elles sont mises facilement en liberté ; transportées au contraire au centre de la masse, elles se trouvent entièrement sous l'influence de cette action qui détermine une solidification nouvelle, c'est-à-dire, selon l'expression adoptée, un *regel*. On explique par là comment on peut donner, par la simple pression, des formes très-variées à un morceau de glace. En plaçant une barre droite dans des moules de plus en plus courbes, il est facile de l'amener à l'état d'anneau ou même de nœud. Dans chaque moule la glace se brise, mais, si on continue la pression, les surfaces des fragments arrivent au contact et adhèrent de manière à rétablir la continuité de la masse. Une boule faite en comprimant avec les mains de la neige humide devient bientôt une sphère de glace qu'on moule aisément en coupe, en statuette, etc.

M. Tyndall cite un remarquable exemple de regel observé par lui aux premiers jours du printemps. Une couche de neige de 1 à 2 pouces d'épaisseur était tombée sur le toit de verre d'une petite serre, et l'air intérieur, échauffant les vitres, avait fait fondre la neige qui se trouvait immédiatement en contant avec elles. La couche entière avait glissé sur le châssis et dépassé le bord du toit, sans tomber et en se pliant progressivement comme un corps flexible.

D'après le même physicien, c'est par le seul fait du regel que la traversée sur les ponts de neige devient possible dans les régions supérieures de la Suisse. « En montant et marchant sur la masse avec précaution, dit-il, on détermine le regel des grains de neige ; cette masse prend alors une rigidité qu'elle n'aurait jamais atteinte sans l'acte de la congélation. A ceux qui ne sont pas familiarisés avec ce genre de travail, le fait de franchir sur des ponts de neige, comme on le fait souvent, des crevasses de 30 mètres et plus de profondeur, doit paraître tout à fait effrayant. »

GLACE GLACIAIRE

Les champs de neige qu'on trouve au sommet de tous les glaciers sont composés de neige cristallisée dont la frêle architecture se conserve tant qu'elle reste sèche, mais qui subit une grande transformation lorsque le soleil, fondant la couche superficielle, fait pénétrer l'eau dans les profondeurs. Le liquide, en se congelant de nouveau pendant la nuit, fait passer la neige à l'état de *névé*, nom que les physiciens suisses ont donné à une masse granuleuse composée de petits glaçons arrondis, désagrégés encore, mais plus adhérents que les flocons et dont la densité tient le milieu entre celle de la neige et celle de la glace. Sous la pression des couches nouvelles et par suite des infiltrations d'eau, le névé se soude et devient une glace de plus en plus compacte, qui finit par ressembler entièrement à celle que nous trouvons sur les bassins des plaines. Un physicien distingué, M. A. Bertin, a étudié récemment dans les Alpes ces variations de la constitution des glaciers, à l'aide de la lumière polarisée, et il a reconnu qu'en effet ils tendent sans cesse vers l'état de cristallisation qui constitue la glace parfaite. Dans les hautes régions, au Faulhorn, au Wetterhorn, l'orientation des molécules lui paraissait nulle ; elle était à peine sensible dans un glacier très-jeune, comme le glacier supérieur de Grindelwald ; mais, si la glace avait eu le temps de vieillir, comme sur le glacier inférieur, la masse d'eau congelée dans l'intérieur deveanit prépondérante et l'orientation des cristaux manifeste.

Ramond, un des premiers explorateurs des Alpes, a donné dans les notes dont il a accompagné sa traduction des *Lettres sur la Suisse*, de W. Coxe, la description suivante de ce phénomène :

« Les montagnes les plus élevées, dit-il, celles auxquelles on a particulièrement affecté le nom de *glacières*, sont absolument inabordables, mais l'œil exercé distingue dans l'éblouissante blancheur de leur revêtement ce *mat* qui caractérise la neige. En effet, il ne tombe des cieux que de la neige, et celle qui s'attache à ces sommets élevés, ne pouvant jamais éprouver un vrai dégel, doit demeurer sous cette forme ou seulement se couvrir d'un léger vernis de glace imparfaite, causé par l'agglomération des parties de la superficie les plus exposées au soleil. C'est cette croûte resplendissante qui a trompé quelques observateurs sur la nature du revêtement de ces monts. Toutes les parties de ce revêtement se détachent très-facilement, et tombent souvent en poussière glaciale au fond des vallées voisines. Voilà le premier état des neiges supérieures et le premier pas qu'elles font vers les vallées inférieures.

« Directement au-dessous de ces monts, et dans le bassin élevé qui reçoit à la fois leurs dépouilles et les neiges de l'atmosphère, la température est moins glaciale, le soleil a quelque empire, et quelques jours de dégel suspendent la rigueur de l'hiver ; là, on trouve les neiges plus condensées, plus adhérentes ; elles soutiennent déjà le pied, mais elles en gardent encore la trace. Voilà l'immense réservoir où puisent les glaciers. Une infinité de rameaux s'échappent en tout sens le long des vallées escarpées qui cherchent les plaines. Leurs neiges élaborées dans le bassin supérieur et devenues plus solides sont propres à soutenir l'épreuve à laquelle une région un peu plus tempérée les soumettra. Le second pas est fait.

« Dans leur nouveau séjour, les neiges sont exposées à de plus longs dégels, mais les gelées ne sont guère moins âpres ; leur masse se pénètre de plus en plus de l'eau que produit la dissolution de quelques-unes de leurs parties ; quand elle en est imbibée, le froid la surprend et transforme le tout en une demi-glace qui a déjà quelque transparence : ici naît le glacier.

« Le travail n'est pas encore achevé, mais il tend rapidement à sa perfection. Chaque toise d'abaissement vers la région inférieure donne aux glaces un degré de dureté et de transparence de plus et bientôt le glacier, entièrement métamorphosé, ne conserve plus rien qui rappelle son origine.

« Si cependant on jette un regard attentif sur la partie où la transformation est la plus complète, c'est-à-dire au pied du glacier, on reconnaîtra qu'il ne forme pas encore un tout entièrement homogène et qu'il est composé de deux glaces différentes. Celle qui forme sa couche inférieure, plus compacte et plus transparente, est d'une dureté qui surpasse celle de nos glaces les plus parfaites ; d'ailleurs elle lui est en tout pareille et, lorsqu'on la frappe légèrement, elle se brise en éclats anguleux terminés par des surfaces planes ; mais celle qui compose les fragments irréguliers dont la superficie supérieure est hérissée, plus blanche et plus légère en même temps que moins solide, se divise seulement en fragments globuleux,

qui ne sont eux-mêmes qu'une agrégation de parties semblables. La glace inférieure est donc le produit de l'eau
régulièrement cristallisée, tandis que celle-ci n'est encore
qu'une neige dont les particules sont agglutinées par la
succession des dégels et des gelées. »

Ce sont les glaces inférieures, celles qu'on observe dans
l'intérieur des crevasses, qui ont la belle teinte bleue si
admirée des voyageurs. « Parmi ces glaces, dit l'éminent
naturaliste que nous venons de citer, on en a remarqué
dont la couleur est d'un bleu plus foncé et qui surpassent
de beaucoup, en dureté, en pesanteur et en indissolubi-
lité, les glaces les plus solides que nous connaissions. Ces
propriétés sont une suite de leur antiquité et de la succession continuelle de dissolution et de congélation qu'elles
éprouvent. Leurs parties se sont rapprochées peu à peu ;
elles ont chassé ou dissous toutes les particules d'air
étranger qui troublaient leur transparence et diminuaient
leur adhésion : demeurées alors sans mélange, elles ont
acquis cette couleur bleue, qui est celle de l'air et de
l'eau, quand ils sont en masse et qu'ils ne tiennent pas
d'autre fluide en suspension. »

STRATIFICATION ET STRUCTURE VEINÉE DE LA GLACE. — SÉRACS

La glace glaciaire présente encore d'autres particularités curieuses. Chaque abondante chute de neige sur le
sommet des montagnes forme une couche qu'on distingue
facilement des couches précédentes, qui ont d'ordinaire
déjà passé à l'état de névé. Cette stratification devient plus
apparente quand la blancheur de la surface a été ternie
par les poussières apportées par les vents. On l'aperçoit

encore dans la glace, mais là il faut bien la distinguer d'un autre phénomène dont la cause est différente et qui a été longtemps confondu avec elle, la structure veinée.

Dans les lieux où par un accident les glaciers sont coupés à peu près verticalement, on aperçoit sur la tranche une série de veines parallèles formées par de la belle glace bleue très-transparente, au milieu de la masse générale restée blanchâtre et un peu opaque.

De glacier à glacier et d'une partie à l'autre du même glacier le nombre de veines et l'intensité de leur couleur sont variables. Elles présentent surtout un admirable aspect quand on les voit dans les crevasses nouvellement ouvertes et sur les parois des canaux creusés dans la glace par de petits ruisseaux résultant de la fusion superficielle. Quelques glaciers, celui du Rhône par exemple, présentent cette structure veinée sur presque toute leur étendue. Lorsqu'une coupure verticale expose l'ensemble des veines à l'air et à la pluie, la partie la moins dense disparaît avant la glace bleue qui reste alors en feuillets séparés. Si l'on examine attentivement cette dernière, on y remarque l'absence ou du moins l'extrême rareté des bulles d'air, tandis que la glace blanchâtre en renferme une grande quantité.

M. Tyndall est arrivé à expliquer la formation des veines par une voie qui paraît bien indirecte au premier abord. Dans une excursion aux ardoisières du pays de Galles, il eut l'occasion d'étudier le *clivage*[1] des roches qui les composent, c'est-à-dire leur faculté de se diviser naturellement, propriété commune à tous les cristaux. Le schiste ardoisé se sépare avec facilité en lames, et quand on parcourt différentes carrières on voit que tous les plans

---

[1] De l'allemand *klieben*, fendre du bois.

de clivage sont parallèles dans chacune d'elles. Cette circonstance avait d'abord donné aux naturalistes l'idée de considérer les ardoises comme des produits de la stratification de dépôts successifs. Mais M. Tyndall ne put admettre cette explication en voyant les fossiles microscopiques qu'elles renferment constamment déformés et aplatis dans la direction du plan de clivage, tandis qu'une si grande altération n'aurait pas dû les atteindre dans les couches superposées au fond d'un liquide. Il en conclut que ces schistes ont dû être soumis à une pression considérable, et de plus que cette pression n'a pu s'exercer qu'à angle droit avec le plan de séparation des feuilles. Des expériences multipliées lui apprirent ensuite que beaucoup de corps énergiquement comprimés présentent dans leur structure une lamellation très-bien marquée et souvent des veines d'une grande beauté. Il étudia le fer aplati sous le marteau-pilon ou passé au laminoir; la terre glaise, la cire, furent soumises à la presse hydraulique. Partout le clivage apparut, et on peut regarder ce phénomène comme devant se produire constamment par la pression dans tous les corps dont la structure intérieure est irrégulière. Il en est ainsi de la glace glaciaire, du sein de laquelle sont expulsées peu à peu les bulles d'air charriées par la neige. Blanche d'abord, elle revêt dans les couches parallèles correspondantes aux plans de clivage les belles teintes bleues qui caractérisent la structure veinée. On doit si peu l'attribuer à la stratification qu'aux endroits où celle-ci est apparente, sur le glacier d'Aletsch par exemple, visité par M. Tyndall, elle a donné lieu à une série de lignes horizontales, tandis que les veinures parallèles qui s'étendent dans les mêmes masses de glace sont toutes inclinées d'environ 60 degrés.

La tendance au clivage des glaces compactes paraît

pouvoir rendre compte de la forme régulière des débris
plus ou moins volumineux dont quelques parties des glaciers sont couverts. Le plus souvent ce sont des cubes ou
des parallélipipèdes rectangles. Les montagnards les appellent *séracs* à cause de leur ressemblance avec certains
fromages qui portent ce nom et qu'ils fabriquent dans des
boîtes rectangulaires. De Saussure, pendant son ascension
au mont Blanc, eut à traverser un assez vaste espace jon-
ché de ces séracs qui s'étaient détachés d'un glacier voi-
sin. Plusieurs mesuraient 4 mètres en tous sens. D'autres
voyageurs ont rencontré d'énormes cubes, de 16 mètres
de côté, et aussi réguliers que s'ils avaient été taillés au
ciseau.

Dans les croûtes de glace qui couvrent les lacs, la trace
des couches formées pendant les gelées successives se
conserve quelquefois très-distinctement quand ces gelées
ont eu lieu pendant une période de parfaite tranquillité.
L'exemple suivant est cité par Arago[1] : « En retirant,
dit-il, dans l'hiver de 1821, de grandes masses de glace
des lacs situés près de New-Haven (Amérique du Nord), on
remarqua, dans des blocs épais de $0^m,38$, vingt et une
couches distinctes, aussi nettement tranchées que le sont
les bandes de l'agate ou du jaspe, ou les anneaux concentriques d'un tronc d'arbre. Vers le haut, l'épaisseur des
couches variait entre $0^m,025$ et $0^m,037$; au bas, dans le
voisinage de l'eau, elles n'avaient guère que $0^m,012$ ou
$0^m,018$. Le décroissement d'épaisseur, sans être uniforme,
ne laissait aucun doute. Si l'on compare les épaisseurs
extrêmes, en considérant que le froid, au lieu de diminuer pendant cette formation successive, alla toujours en
augmentant, on demeure convaincu que ces différences

---

[1] *Annuaire du Bureau des longitudes*, 1833.

d'épaisseur ont tenu : 1° à ce que la faculté conductrice de la glace pour la chaleur est très-petite ; et 2° à cette circonstance que la glace ne se formait pas d'une manière continue sous la première couche, mais seulement aux moments les plus froids de la nuit. Les couches étaient plus transparentes dans le sens de leur longueur que dans la direction verticale. A la jonction de deux couches voisines, il y avait, ce dont il est facile de trouver la raison, une multitude de bulles d'air. »

GLACE DE FOND

La congélation des lacs et des étangs se fait, comme nous l'avons indiqué, de l'extérieur à l'intérieur. C'est la surface supérieure qui se prend d'abord, et l'épaisseur de la couche solide augmente ensuite en allant de haut en bas. Les physiciens croyaient qu'il en était de même pour les eaux courantes, au fond desquelles la formation de la glace leur semblait impossible. Cette dernière opinion était cependant très-populaire : les meuniers, les pêcheurs, les bateliers, soutenaient que les glaçons dont les rivières sont encombrées en hiver viennent toujours du fond, et les mariniers allemands avaient même donné un nom spécial et caractéristique à ces glaces flottantes ; ils les appelaient *grundeis*, c'est-à-dire glaces de fond.

Lorsque la question fut examinée de nouveau, les savants reconnurent que le phénomène qui paraissait si opposé aux lois de la propagation de la chaleur était très-réel, et qu'il fallait accepter l'opinion si longtemps dédaignée comme un préjugé.

Un naturaliste allemand, M. Braun, publia en 1788 les observations suivantes, recueillies auprès des pêcheurs de l'Elbe : « Pendant les journées froides de l'automne, long-temps avant l'apparition de la glace à la surface du fleuve, leurs filets, situés au fond de l'eau, se couvraient d'une telle quantité de glace qu'il leur était très-difficile de les retirer ; — les corbeilles qui leur servent à prendre des anguilles revenaient souvent d'elles-mêmes à la surface, incrustées extérieurement de glace ; — les ancres perdues en été remontaient, l'hiver suivant, entraînées par la force ascensionnelle de la glace de fond qui les recouvrait ; — cette glace soulevait aussi de grosses pierres auxquelles les balises étaient attachées par des chaines, et occasionnait ainsi les plus fâcheux déplacements de ces utiles signaux. »

Arago, dans sa *Notice sur la glace* (*Annuaire de 1833*), résume ainsi une très-remarquable observation faite par le botaniste anglais Knight sur une rivière de l'Hereford-shire, le matin, après une nuit très-froide : « Cette rivière, dit-il, retenue par une écluse, forme un large bassin d'eau stagnante destinée à imprimer le mouvement à des meules de moulin. L'eau tombe par un déversoir dans un canal très-étroit, qu'obstruent çà et là des pointes de rocher et de larges pierres, qui produisent des tournoiements et de forts remous. La rivière a peu de profondeur et coule sur un lit rocailleux. A la surface de l'eau stagnante du bassin supérieur, l'œil découvrait des milliers de petites aiguilles flottantes de glace. Plus bas, après la chute dans la rivière proprement dite, les pierres du fond étaient recouvertes d'une matière brillante, d'un éclat argentin, et qui, examinée de près, se trouva composée d'une agrégation d'aiguilles de glace qui se croisaient sous toutes sortes d'angles, comme dans la neige. Sur chaque pierre, cette matière ou glace spongieuse s'était déposée en plus grande abondance le long des faces situées à l'opposite du courant. Elle n'avait pris la consistance de la glace compacte ordinaire que très-près des bords de la rivière. »

Le géologue suisse Hugi a vu se développer sur une grande échelle la formation de la glace de fond dans l'Aar, à Soleure. La rivière avait charrié en 1827, au commencement de février, mais elle était complétement débarrassée le 15 et ses eaux étaient redevenues pures. Se trouvant alors placé à 20 mètres au-dessous du pont, Hugi constata que, sur une étendue d'environ 150 mètres carrés, il s'élevait continuellement du fond de la rivière une multitude de tables de glace. Ces glaçons montaient verticalement jusqu'à un mètre à peu près au-dessus de l'eau, se couchaient ensuite et flottaient horizontalement. Après un certain temps ils devinrent plus rares, mais de plus grande dimension. Plusieurs, au moment où ils prenaient la position verticale, reposaient encore sur le lit de la rivière par un de leurs côtés et restaient assez longtemps ainsi retenus. Le même phénomène se reproduisit en 1829, également au mois de février. Hugi vit même alors se former des îles de glace au milieu de la rivière. Il en compta un jour vingt-trois, dont les plus grandes avaient près de 33 mètres de large. Elles étaient libres tout autour, résistaient à l'effort d'un rapide courant et s'étendaient sur un espace d'environ 500 mètres carrés. On constatait, en y abordant, qu'à la surface elles étaient composées d'une glace compacte, épaisse de 5 à 10 centimètres, et reposant sur une masse en forme de cône renversé de 3 à 4 mètres de hauteur, qui se trouvait fixée au fond du lit de la rivière. Tous les cônes se composaient d'une glace demi-fondue et presque gélatineuse, dans laquelle des perches s'enfonçaient facilement, et qui devenait grenue quand on l'exposait à l'air libre.

On a cherché une explication à ces singuliers phénomènes. Celle que donne Arago n'est pas complète, suivant son propre aveu, mais les principaux points y sont éclaircis. Il fait remarquer d'abord que l'action mécanique de l'eau courante donne lieu à une circulation en vertu de laquelle la masse entière du liquide se trouve mêlée et refroidie également. Elle peut donc se trouver amenée uniformément à la température de zéro ; mais pourquoi alors la congélation s'opère-t-elle par le fond et non par la surface ?

« Qui ne sait, répond Arago, que, pour hâter la formation des cristaux dans une dissolution saline, il suffit d'y introduire un corps pointu ou à surface inégale ; que c'est autour des aspérités de ce corps que les cristaux prennent principalement naissance et reçoivent de prompts accroissements ? Tout le monde peut s'assurer qu'il en est de même des cristaux de glace ; que si le vase où doit s'opérer la congélation présente une fente, une saillie, une solution de continuité quelconque, la fente, la saillie, la solution de continuité, deviendront comme autant de centres autour desquels les filaments d'eau solidifiée se grouperont de préférence. Mais c'est là précisément l'histoire de la congélation des rivières, qui ne s'opère jamais sur le lit même que là où il se trouve des roches, des cailloux, des pans de bois, des herbes, etc.

« En second lieu, le mouvement de l'eau, très-rapide, très-brusque à la surface, y met empêchement au groupement symétrique des aiguilles, à cet arrangement sans lequel les cristaux, de quelque nature qu'ils soient, n'acquièrent ni régularité de forme ni solidité. Mais le mouvement qui existe au fond y est très-atténué, et on peut supposer que son action y contrariera seulement la formation d'une glace régulière ou compacte, mais qu'il n'em-

pêchera pas qu'à la longue une multitude de petits filaments ne se lient les uns aux autres confusément et de
manière à engendrer de la glace spongieuse. »

Des cas peuvent pourtant se présenter où même une glace
dure et compacte se forme au fond des cours d'eau. Nous
trouvons l'exemple suivant cité dans *l'Ami des sciences*[1],
par M. Philippe Breton, ingénieur des ponts et chaussées.

« Il y a quelques années, dit-il, j'allais par un beau
jour d'hiver, seul à pied, de Barême à Digne, en suivant
un mauvais chemin sur la rive droite de l'Asse, où depuis
on a fait une route. Le vieux chemin passait, sans le moindre pont, plusieurs torrents, à sec les trois quarts de
l'année. Mais, ce jour-là, je trouvai le chemin barré par
le torrent de Novante, sur une largeur de 12 à 15 mètres,
et il fallut me déchausser pour passer à gué. Aussi entré
dans l'eau, je me trouvai sur une glace vive et polie que
je n'avais pas soupçonnée, et la pente en travers du fond
me fit glisser jusque vers le milieu du torrent, où je pus
rester debout. Ensuite quand je voulus remonter vers l'au-
re bord, la pente transversale, en se relevant, me faisait
glisser en arrière. Il me fallut pour pouvoir avancer,
laisser les pieds à nu sur la glace jusqu'à ce qu'ils fussent
un peu incrustés par l'effet de la chaleur vitale. »

Pourquoi, dans ce torrent rapide, la glace de fond était-
elle dure, compacte et polie, tandis que celle qui se forme
dans les rivières lentes se montre toujours molle, spongieuse et rugueuse ? Suivant M. Breton, on peut expliquer
ainsi cette différence : La glace se forme au fond par aiguilles ou par lames cristallines minces, implantées sur
les petites rugosités du sol ; si une de ces parcelles de
glace est dirigée d'équerre au courant ou, à plus forte

---

[1] Année 1861.

raison, si elle est oblique vers l'amont, le courant a une
forte prise pour la faire plier vers l'aval et la coucher
à plat sur le fond, ou bien sur les couches de glace déjà
formées. Par suite, quand ce courant est rapide, toutes
les lames doivent s'appliquer les unes sur les autres, sans
laisser entre elles aucun interstice rempli d'eau encore
liquide. Si une mince aiguille se construit au sommet
d'une saillie, elle pénètre dans les filets liquides assez
puissants pour l'emporter, ce qui n'a pas lieu dans les
parties les plus concaves de la paroi solide, où la glace
peut alors s'accroître plus promptement. Le poli parfait
qu'on observe résulte de là. Au contraire, dans une rivière lente, le courant n'est pas assez fort pour aplatir
vers l'aval les cristaux de glace aiguillés ou lamellaires à
mesure qu'ils naissent sur le fond; ils conservent ainsi leurs
directions variées, puis ils se croisent et emprisonnent
entre eux de l'eau à 0° qui, une fois qu'elle est ainsi con-
finée, ne se renouvelle plus et demeure liquide longtemps.
De là la structure spongieuse de la glace et la rugosité
de sa surface.

GLACE DE SURFACE

Nous venons de voir la glace formée au fond des eaux
courantes pendant que toute la masse reste encore liquide. Mais la surface se congèle aussi bientôt quand le
froid y augmente, et surtout quand la permanence d'un
ciel clair permet un très-abondant rayonnement nocturne.
C'est le long des bords que les rivières commencent à se
prendre : les deux bandes de glace latérales s'élargissent
ensuite progressivement et finissent par se rejoindre. La
hauteur et la vitesse des eaux influent beaucoup sur cette

congélation superficielle. Pour faire voir combien le phénomène dépend aussi de certaines conditions météorologiques, Arago cite [1] un exemple qui lui apparaissait
comme une très-singulière anomalie. En décembre 1762,
la Seine fut totalement prise à la suite de six jours de
gelée dont la température moyenne était — 5° 9, et sans
que le plus grand froid eût dépassé — 9° 7: tandis qu'en
1748 elle coulait encore après huit jours d'une température moyenne de — 4° 5, le plus grand froid, dans cet intervalle, s'étant déjà élevé jusqu'à — 12°. Cependant la
hauteur des eaux était la même aux deux époques ; mais
en 1762 les six jours qui précédèrent la congélation totale
furent parfaitement sereins, tandis qu'en 1748 le ciel
était nuageux ou tout à fait couvert. Il faut, pour faire
disparaître la contradiction entre ces observations, ajouter
10 ou 12° comme effet du rayonnement de l'eau vers l'espace, au froid indiqué par le thermomètre en 1762. La
même cause peut expliquer comment, dans les froids extrêmement vifs qui régnaient à Paris en 1709 et pendant
lesquels il y eut des températures de — 23°, la Seine resta
constamment fluide dans son milieu.

Quelquefois la glace de fond existe en même temps que
la glace superficielle, ainsi que le physicien anglais Hales
l'a constaté dans la Tamise. Il remarqua que les deux couches se joignaient sur le rivage, mais qu'elles s'éloignaient
ensuite de l'une l'autre à mesure que, en s'avançant dans
la rivière, la profondeur de l'eau augmentait.

Nous trouvons des détails curieux sur cette double congélation dans une notice de M. J. Fournet, président de
la commission hydrométrique de Lyon : « Pendant le
rigoureux hiver de 1789, l'ingénieur des mines, M. de

---

[1] *Annuaire du Bureau des longitudes*, 1833.

Rozières, observait que le Rhône commençait à charrier le 27 décembre à Valence, et qu'il se prit depuis le 29 décembre jusqu'au 15 janvier. On dut ainsi traverser le fleuve pendant seize jours de suite, fait qu'aucun souvenir ne rappelait comme s'étant déjà produit. En outre, l'expérience démontra que le fleuve était gelé depuis sa surface jusqu'au fond; dans plusieurs endroits, la partie de son eau encore liquide devait couler entre des espèces de pilastres formés par la glace de fond, lesquels servaient de support à la nappe superficielle. J'ai rencontré quelque chose d'analogue dans le lit de la glaciale fontaine dont les eaux couvrent tout le sol de la caverne de Brudoure, dans le Vercors. J'y marchais sur des têtes de stalactites, placées en sens inverse de la position ordinaire de ces concrétions, et les écoulements avaient lieu au travers de ces intervalles; il n'y manquait que l'incrustation qui aurait pu me servir de plancher. » Les débâcles des glaces fluviales causent souvent de grands désastres. Dans leur rapide mouvement, ces masses ébranlent et emportent des ponts, renversent des édifices, et, en obstruant des passages étroits, donnent lieu à de terribles inondations. Dans ces circonstances, il est important de pouvoir diminuer le volume des glaçons; c'est à quoi l'on parvient en faisant éclater au-dessous des grenades d'artifice. Le même moyen est employé pour dépecer la croûte des rivières quand on veut approvisionner les glacières.

La glace a quelquefois servi et sert encore à élever de singuliers édifices. Pendant l'hiver de 1740, un palais fut construit à Saint-Pétersbourg avec de grands glaçons de la Néwa, dont quelques-uns avaient jusqu'à 52 pieds de long sur 20 pieds de haut. On tailla de plus quatre blocs de glace en forme de canons, et ces pièces lancèrent des boulets de fer sans crever et sans fondre.

Les Esquimaux passent l'hiver dans des huttes faites avec des blocs de neige durcie. Ces huttes ont la forme d'un dôme circulaire dont le diamètre mesure un peu plus de 5 mètres. Un jour suffit le plus souvent pour élever ces constructions.

Huttes de neige.

Notons encore que des lentilles biconvexes ont été faites avec de la glace par des physiciens. Comme celles de cristal, elles concentraient les rayons du soleil et mettaient le feu à des matières combustibles exposées à leur foyer. Enfin, dans des pays très-froids, en Sibérie, par exemple, on se sert quelquefois de lames de glace en guise de vitres.

L'industrie emploie aujourd'hui la glace soit pour prévenir ou arrêter les fermentations, soit pour provoquer les cristallisations, comme on l'a fait récemment dans le but d'extraire le sel appelé sulfate de soude des eaux-mères des salines de la Camargue. On se sert alors de glace fabriquée artificiellement en utilisant la propriété des liquides de se transformer en gaz aux dépens de la chaleur des corps environnants. L'ingénieux appareil dû à M. Carré est basé sur ce principe. L'unique dépense est celle d'une petite quantité de combustible. On peut donc espérer une extension très-grande de cette fabrication et l'emploi plus général de la glace, soit comme agent industriel, soit comme objet de consommation.

COMMERCE DE LA GLACE AUX ÉTATS-UNIS

Les Américains des États du Nord ont depuis longtemps reconnu les avantages qu'ils pouvaient retirer de l'usage de la glace dans les besoins journaliers de la vie, et dès l'année 1792 les fermiers du Maryland avaient fait construire de petites glacières pour la conservation des denrées alimentaires. A partir de cette époque, l'emploi de la glace se répandit rapidement dans tous les grands centres des États du Nord et du Centre. De vastes établissements s'élevèrent pour recevoir les approvisionnements annuels, et, en 1805, un négociant de Boston. M. Frédéric Tudor, entreprit de transporter par mer des chargements de glace dans les contrées intertropicales. Ses premiers essais furent entravés par la guerre, qui réduisit les exportations à la Martinique et à la Jamaïque. Au retour de la paix, en 1815, elles s'étendirent à la Havane. Cuba, la Nouvelle-Orléans, et en 1833 une première expédition fut dirigée sur les Indes orientales, à Calcutta, et de là jusqu'à Madras et Bombay. Aujourd'hui l'entreprise est devenue de première importance ; de nombreuses compagnies et une grande quantité de navires sont occupés au transport de la glace. A Calcutta, il a été construit pour la recevoir un immense bâtiment où elle est revendue en détail. Ce singulier magasin a de triples murs, cinq combles distincts ; il couvre environ 50 ares et peut contenir plus de 30,000 tonneaux de glace. Depuis 1852, le commerce d'exportation a pris un grand développement et s'est étendu jusqu'à la Chine, l'Amérique du Sud, l'Australie, l'Europe, où Londres est devenu un débouché important pour la glace américaine. En 1859, le chiffre total des exportations s'élevait à 129,403 tonnes.

La glace expédiée d'Amérique se tire principalement de différents étangs situés sur un terrain élevé, à 18 milles environ de Boston, où elle est transportée par le chemin de fer. — « La récolte de la glace se fait en décembre et janvier. A cette époque, on peut estimer quel sera le rendement des lacs ou étangs. Ceux qui s'occupent de cette industrie n'ont pas besoin, comme les agriculteurs, de semer pour avoir des produits : ils n'ont qu'à attendre patiemment le travail de la nature, à laquelle ils viennent en aide quelquefois, en pratiquant des ouvertures dans la surface gelée des lacs, afin que l'eau se répande par-dessus et que l'épaisseur de la glace en soit augmentée. On enlève aussi la neige de temps en temps, car elle est nuisible. A part ces travaux préparatoires, il n'y a guère qu'à attendre le moment de récolter cette moisson glacée.

« Quand la glace est en état convenable pour être coupée, c'est-à-dire a atteint 9 ou 20 pouces d'épaisseur, suivant qu'elle est destinée à être consommée dans la contrée ou à être exportée, le propriétaire de l'étang fait d'abord enlever la couche de neige avec une machine en bois trainée par un cheval. Cette opération terminée, on enlève la neige glacée, dont on ne tirerait aucun parti, avec une machine de fer armée d'un instrument tranchant en acier trempé. Cette machine, qui est une espèce de racloir, permet d'enlever plusieurs pouces de neige glacée.

3

« La troisième opération consiste à diviser la glace en parcelles carrées de quatre à cinq pieds de côté, au moyen d'un instrument tranchant installé sur une machine traînée par un cheval, et se manœuvrant à peu près comme une charrue. On passe ensuite, dans les sillons qui ont été tracés, un autre instrument adapté à une machine également traînée par des chevaux, avec lequel on coupe profondément la glace, mais non cependant de manière à la diviser entièrement ; il ne reste plus qu'à séparer les blocs, avec une scie à main, pour qu'ils puissent flotter librement dans les canaux pratiqués à la surface de l'étang, afin d'amener la récolte au rivage.

« De la plage on transporte la glace sur des charrettes, ou, ce qui est préférable, on la place morceaux par morceaux sur un plan incliné, où elle est remontée par une machine à vapeur jusqu'à une certaine élévation. De là on la dirige à bras d'homme jusqu'à la porte de la glacière, par un plan incliné en sens contraire et moins rapide, qui se raccorde avec le premier. On se sert d'une machine à vapeur pour arrimer les blocs dans la glacière, et ce travail se fait aussi bien la nuit que le jour, lorsque le temps le permet [1]. »

L'on n'estime pas à moins de 500,000 tonnes la quantité de glace que peuvent emmagasiner les glacières de Boston. Dans les environs de New-York, on en récolte annuellement 280,000 et 500,000 tonnes, presque entièrement consommées par la ville et les localités voisines.

On se rappelle l'histoire du mammouth antédiluvien qui fut mis à découvert par l'éboulement d'un terrain sur la rive de la Léna, et dont le corps, enseveli dans la glace, était dans un état parfait de conservation. Des ours se mi-

[1] Extrait du *Merchant's and commercial Review*. Août 1858.

rent sur-le-champ à dévorer ces chairs contemporaines du déluge, et les observateurs, avertis par des chasseurs yakouts, n'eurent à recueillir que ce qui avait échappé à la voracité des carnasssiers. Cette propriété que possède la glace, de préserver les corps organisés de la corruption a été depuis longtemps constatée par tous les peuples qui habitent la zone boréale, et les Américains, en utilisant aussi la glace comme moyen ordinaire de conserver les denrées alimentaires, en ont fait un objet de consommation usuelle dont l'importance ne fait que s'accroître. Il

Appareil réfrigérant.

existe aujourd'hui en Amérique une foule d'appareils réfrigérateurs de tous les modèles et de toutes les dimensions. Nous donnerons, d'après l'intéressant ouvrage [1] au-

---

[1] *Étude sur l'industrie huîtrière des États-Unis*, par M. P. de Broca, lieutenant de vaisseau, directeur des mouvements des ports du Havre.

quel nous empruntons ces curieux détails, la description de celui qui est généralement employé dans les familles : il consiste en une espèce de coffre rectangulaire en bois à parois épaisses de trois pouces, revêtues intérieurement d'un doublage en feuilles de zinc. Ce réfrigérateur est ordinairement divisé en deux compartiments ; l'un pour mettre la glace et l'autre pour déposer les denrées à conserver pendant les chaleurs de l'été. Si la glace était immédiatement en contact avec ces denrées, lait, beurre, viande, poisson, etc., elle leur enlèverait une partie de leur saveur, surtout s'il y avait commencement de fusion; mais on obvie à cet inconvénient en les soumettant seulement au froid qu'elle produit.

Une énorme quantité de glace est employée sur les marchés pour conserver les poissons, les crustacés, les mollusques destinés à la consommation du littoral, et pour en expédier des provisions aux villes de l'intérieur. A bord des bateaux de pêche, ce procédé, mis en pratique depuis des siècles par les Chinois, et, en Europe, par les pêcheurs sardes, toscans et napolitains, a produit, grâce à d'intelligentes installations, les plus importants résultats. Il nous suffira de dire que les pêcheurs américains font arriver leurs produits sur les marchés en état de parfaite conservation, quoique les ayant à bord depuis dix jours. Grâce aux bateaux-viviers, aux bateaux pourvus d'une glacière, et aux bateaux mixtes ayant à la fois une glacière et un vivier, des cargaisons de poissons frais, et de poissons et de crustacés vivants sont amenés dans les ports et livrées aux populations à des prix modérés. L'emploi de la glace, ainsi que le fait très-justement observer M. de Broca, a ainsi produit une véritable révolution dans l'alimentation publique, et contribué à résoudre un problème capital, celui de la vie à bon marché.

Depuis quelques années, la Norwége, marchant sur les traces de l'Amérique, expédie des cargaisons de glace à diverses contrées de l'Europe, et nous pourrions certainement tirer de cette source un approvisionnement à bon marché, qui nous permettrait d'adopter les procédés de conservation usités en Amérique et d'obtenir les mêmes résultats importants. Mais nous ne devons pas oublier que ces résultats ne sont pas dus seulement à d'ingénieux procédés et à de favorables conditions géographiques. Ils proviennent encore, ainsi que le dit très-bien M. de Broca, de l'esprit même des populations qui en jouissent :

« ... L'habitude et l'amour du travail constituent le caractère distinctif du peuple américain, et toutes ses facultés sont dirigées vers les connaissances utiles et applicables. Sa raison ne se laisse troubler par rien d'imaginaire ; et il a compris, encouragé en cela, sans doute, par les législateurs et les bons esprits du pays, qu'il fallait avant tout assurer aux masses une subsistance facile. On peut s'en convaincre en voyant converger vers les grandes contrées les denrées alimentaires à un prix tellement abaissé, relativement à l'élévation des salaires, que le gibier, la venaison, le poisson, la viande, les légumes, les fruits, etc., tout ce qui constitue enfin le luxe de la table, est à la portée de la majeure partie de la population. Les chemins de fer aident puissamment à ce résultat, les compagnies ayant su comprendre que, tout en sauvegardant les intérêts des actionnaires dans une juste mesure, elles avaient à remplir vis-à-vis de la nation un impérieux devoir : celui de faciliter par des tarifs modérés l'approvisionnement des villes. En ce qui concerne spécialement l'industrie de la pêche, il est possible aux États-Unis d'envoyer, par la grande vitesse, aux localités de l'intérieur, les mollusques et les poissons frais, sans avoir à payer des prix de transport qui absorbent, ainsi que cela arrive en France, le plus clair des bénéfices des pêcheurs, et augmentent la cherté des produits. Ne l'oublions pas, la valeur morale d'un peuple et la dignité de son caractère sont les conséquences de la vie à bon marché, qui, seule, le met à l'abri des corruptions de la pauvreté. »

D'autres causes interviennent sans doute dans le progrès moral des sociétés ; mais c'est avec raison que M. de Broca voit dans la misère un des pires obstacles à ce progrès : « Le misérable est un serf, » a dit justement M. Michelet.

II

LES GLACIERS

LOI DE CIRCULATION

Entre les neiges qui tombent chaque hiver sur les hautes régions du globe, et celles que chaque été y fait disparaître, la compensation n'est pas parfaite, et il reste constamment un résidu. Ce n'est qu'au-dessous de la limite nommée ligne des neiges perpétuelles que la neige qui tombe en hiver est fondue tout entière dans la belle saison. Si l'excès annuel dont se charge chaque montagne s'y accumulait pendant une longue période, on devrait voir partout d'immenses couches de glace s'élevant à la hauteur extrême que peuvent atteindre dans l'atmosphère les météores aqueux.

Un de nos éléments les plus mobiles serait retenu ainsi dans une éternelle captivité.

« Il est bien évident que rien de semblable n'a lieu dans la nature, dit un savant évêque de la Savoie, Mgr Rendu, dont nous aurons fréquemment à citer le beau travail sur les glaciers[1]. L'économie du monde serait bientôt détruite s'il pouvait y avoir sur certains points particuliers des accumulations de matière. Le centre de gravité du globe se trouverait insensiblement déplacé, et la perturbation succéderait à l'admirable régularité des mouvements. Si les pôles ne renvoyaient pas aux mers équatoriales les eaux qui, réduites en vapeur, partent chaque jour de ces régions brûlantes pour aller se convertir en glace aux deux extrémités de la terre, l'Océan s'épuiserait et la vie cesserait avec l'eau de circuler dans le monde. La volonté conservatrice du Créateur a employé pour la permanence de son ouvrage la vaste et puissante loi de la circulation, qui, examinée de près, se trouve reproduite dans toutes les parties de la nature. L'eau circule de l'Océan dans les airs, des airs sur la terre et de la terre dans les mers. Les rivières retournent d'où elles sont sorties, afin qu'elles coulent de nouveau, dit l'Écriture ; l'air circule autour du globe et pour ainsi dire sur lui-même, en passant et repassant successivement par toutes les hauteurs de la colonne atmosphérique. Les éléments de la substance organique circulent en passant de l'état solide à l'état liquide ou aériforme, et de celui-ci à l'état de solidité ou d'organisation. Cet agent universel que nous désignons sous le nom de feu, de lumière, d'électricité et de magnétisme, a probablement aussi un cercle de *circulation* aussi étendu que l'univers. Si quelque jour son mouvement pouvait nous être mieux connu, il est probable qu'il nous donnerait la solution d'une foule de problèmes qui pèsent en-

[1] *Théorie des glaciers de la Savoie.*

core sur l'esprit humain. Ramenée à chaque partie du
tout, la circulation est encore la loi de vie, le mode d'action employé par la Providence dans l'administration de
l'univers. Dans l'insecte, comme dans la plante et comme
dans le corps humain, il y a une circulation ou plutôt
plusieurs circulations de sang, d'humeurs, d'éléments, de
feu et de tout ce qui entre dans la composition de l'indi-
vidu. »

A cette grande loi de la nature, les glaciers doivent
aussi obéir. Il faut compter comme un moyen de déblaye-
ment des hautes régions la chute des avalanches, c'est-à-
dire des amas de neiges et de glaces qui se détachent sur
les pentes abruptes et se précipitent sur le pied de la
montagne, où l'air plus chaud les fait entrer rapidement
en fusion. Mais ce phénomène, cause de tant de terribles
catastrophes, ne donne lieu qu'à un faible transport de
matières en comparaison du résidu laissé chaque année
dans ce qu'on a appelé les glaciers-réservoirs. Un autre
mouvement se produit, à la fois plus efficace et plus régulier, embrassant le système entier des glaces et déter-
minant la formation de glaciers d'écoulement qui sortent
des réservoirs pour descendre bien au delà de la ligne des
neiges, dans les régions tempérées, où une couche épaisse
est fondue chaque année à leur extrémité inférieure. Cette
progression générale est une des plus fécondes découvertes dont la physique du globe se soit récemment enrichie.
Elle a été de la part d'un grand nombre de naturalistes et
de savants l'objet de recherches dans lesquelles ils ont eu
à déployer autant de courage que d'intelligence. Cette
étude expérimentale date des vaillantes excursions et des
mémorables séjours sur les glaciers de la Suisse de MM. de
Charpentier, Agassiz, Desor, Vogt, James Forbes, Bravais,
Ch. Martins, Dollfus-Ausset, Hopkins, Tyndall, Ed. Col-

lomb, John Ball, Schlagintweit, etc. Nous allons suivre ces pionniers de la science au milieu des solitudes alpestres, en résumant les principales observations qui servent de base à la théorie généralement adoptée aujourd'hui.

PROGRESSION DES GLACIERS

La chaîne des hautes Alpes présente de loin le plus admirable spectacle. Pandant les jours clairs, les nuages qui la couronnent ont une blancheur éblouissante; mais c'est surtout le soir, au coucher du soleil, qu'il faut la contempler, quand les cimes lointaines se détachent, revêtues de magnifiques teintes roses, sur l'azur profond du ciel.

En gravissant le flanc de ces montagnes pour approcher de leurs belles coupoles, le voyageur a un long chemin à faire parmi les champs cultivés, les forêts et les prairies. A une grande élévation, il rencontre encore des villages entourés de vergers et de jardins. Mais tout à coup il éprouve une vive surprise en voyant une colline blanche se dresser devant lui au milieu de la riche végétation qui l'entoure. Cette colline est l'extrémité d'un glacier, qu'il n'est pas rare de rencontrer auprès d'épis complétement mûrs. En visitant les Alpes bernoises, nous avons nous-mêmes cueilli des fruits sur un merisier à côté du glacier de Grindelwald, dont l'extrémité inférieure se montre peu d'instants après qu'on a quitté le village de ce nom.

La présence d'une telle masse de glace sur un point où la neige disparaît dès le mois d'avril ou au commencement de mai avait paru longtemps inexplicable, lorsqu'on en vint à l'idée que les glaciers pourraient bien être animés d'un mouvement lent. A l'époque de notre voyage, toutes les questions relatives à cette mystérieuse progression étaient ardemment agitées parmi les hardis explorateurs que nous voyions partir avec de nombreux instruments, pour aller exécuter dans les solitudes glacées des hautes régions ces délicates mesures qui devaient servir de base aux futures théories.

Avant de résumer ce qui a été fait dans cette partie des Alpes, il faut signaler les observations recueillies par Mgr Rendu, sur son grand champ de recherches, le mont Blanc, où il s'appliquait à suivre soigneusement dans toute leur étendue ce que, par une très-remarquable intuition de la vérité, il appelait des fleuves de glace.

Arrêté sur les sommités, il les voyait hérissées d'aiguilles et de crêtes granitiques, retenant les glaces et les empêchant de couler également sur tous les flancs de la montagne. Mais entre ces obstacles s'ouvraient des vallées servant de canaux pour la sortie des glaces, et les canaux se réunissaient ensuite peu à peu en descendant, permettant, selon le langage usité, aux glaciers tributaires de se souder pour former un glacier-tronc.

Partout la masse de chaque glacier paraissait être en raison inverse de la pente sur laquelle il se trouve. Aux couloirs rapides correspondait une glace mince et une surface rétrécie : la pente diminuant, on voyait le glacier se renfler et s'étendre comme un lac.

Une description faite par le premier et le plus illustre explorateur du mont Blanc, M. de Saussure, montre très-bien que les glaciers se plient à la forme du terrain qui les porte. « Le glacier du mont Dolent, dit-il, a pour plateau supérieur un grand cirque entouré de feuillets de granit, de forme pyramidale ; de là le glacier descend par une gorge, dans laquelle il est resserré ; mais, dès qu'il l'a dépassée, il s'élargit de nouveau et s'ouvre en éventail. Il a donc en tout la forme d'une gerbe serrée dans le milieu et détachée à ses deux extrémités. »

Dans tous les endroits où un glacier se termine, on trouve les signes les plus manifestes de sa destruction successive sous l'influence de la chaleur solaire. Cette fonte alimente de grands fleuves, tels que le Rhône, le Rhin, l'Aar. Souvent on voit la source s'échapper de vastes cavernes que les eaux, conjointement avec les agents atmosphériques, creusent dans le glacier, et qui s'écroulent dès que la hauteur et l'étendue de la voûte de glace dépassent la limite de la résistance des matériaux. Nous décrirons plus loin une de ces cavernes, qui présentent, quand on y pénètre, le plus merveilleux aspect, par le jeu de la lumière décomposée dans les murailles de glace comme dans un prisme.

Des indices plus directs s'ajoutent à ceux qui précèdent relativement au mouvement progessif des glaciers. A l'extrémité inférieure du glacier de Grindelwald nous avons vu de grands blocs granitiques déposés sur un terrain entièrement différent de cette espèce de roches si bien caractérisée. Pour reconnaître leur origine il fallait remonter jusque vers les névés. Là, dans la partie supérieure de la longue vallée, le glacier les avait reçus lorsqu'ils s'étaient détachés des pics élevés qui le domine, et c'était évidemment lui-même qui en avait opéré le transport jusqu'au point où il les avait abandonnés en se dissolvant. Les guides nous montrèrent sur le glacier plusieurs roches dont ils purent nous indiquer le trajet pendant un certain nombre d'années. Pour démontrer avec plus d'exactitude la descente des roches vers la vallée, et par suite le mouvement des glaciers, il a suffi de déterminer des alignements avec des points fixes, comme des arbres, ou les taches remarquables des parois d'une montagne, et de renouveler l'opération d'année en année.

L'accumulation de ces débris forme à la surface des glaciers les longues traînées de blocs qu'on désigne sous le nom de *moraines*, et qui s'alignent dans certaines directions suivant les circonstances que nous allons faire connaitre.

Les éboulements qui se produisent sur les rives du glacier y forment les *moraines latérales*, que chaque jour voit s'accroître et s'étendre par le double effet de la chute des blocs et du mouvement de progression qui les entraîne avec la masse entière des glaces. Vers le milieu des grands glaciers existe presque toujours une *moraine médiane*, résultant de la rencontre des moraines latérales des deux glaciers qui se sont unis en un seul. Ces moraines superficielles participant au mouvement du glacier, chacun de leurs blocs finit par rouler au pied de l'escarpement qui le termine ; et une *moraine frontale* se forme ainsi sur le sol même de la vallée, comme une digue placée en avant des dernières glaces. Enfin la couche de sable et de fragments qui se trouve au-dessous du glacier et sur laquelle il glisse a reçu le nom de *moraine profonde*.

Les stries produites par ces dernières couches sur le fond des couloirs montre la grande puissance du frottement qu'exerce le glacier pendant sa progression. La profondeur des stries dépend évidemment de la dureté des débris entraînés par le glacier et de la nature des roches soumises au frottement. Le poli de ces roches, quand elles sont assez solides pour résister à la marche du glacier, indique assez l'énorme pression qu'il exerce sur les pentes des vallées dont il use ou détruit les aspérités. Cet effort, portant principalement sur le côté des rochers tourné vers les cimes, leur imprime une forme arrondie particulière, qui rappelle l'aspect d'un troupeau de moutons et qui leur a fait donner par de Saussure le nom de *roches moutonnées.*

Le glacier de l'Aar portait encore, en 1840, les traces d'une petite cabane en pierres dont le déplacement a beaucoup contribué à mettre en évidence le mouvement des glaciers. Elle avait été construite en 1827 par un des plus actifs explorateurs des Alpes, le géologue Hugi, à l'endroit où le glacier contourne une montagne en forme de

Hôtel des Neuchâtelois.

promontoire nommée l'Abschwung. Trois ans plus tard elle fut trouvée à 100 mètres plus bas, et en 1832, elle était déjà descendue de 715 mètres. En 1840, quelques débris seuls se voyaient encore et ils étaient situés à une distance de 1,495 mètres de l'Abschwung. C'était bien la même cabane, car on déterra sous un tas de pierres une bouteille déposée par Hugi avec la note de ses observations. En une seule année, par conséquent, le trajet avait été d'environ 115 mètres.

La station où un glacialiste illustre, M. Agassiz, étudia
pendant trois années le même phénomène avec plusieurs
de ses amis, MM. Desor, Vogt, Nicollet, etc., est restée
célèbre sous le nom d'*Hôtel des Neufchâtelois*. Elle se trouvait sur le glacier de l'Aar, à 650 mètres plus haut que
l'Abschwung, au début des observations, et, depuis, elle
s'avance en moyenne de 75 mètres par an. Sous un grand
bloc qui servait de toit, la cuisine et une chambre à coucher avaient été taillées dans la glace. Un simple banc de

Pavillon du glacier de l'Aar.

pierre couvert de foin servait de lit aux courageux savants
pendant leur exil volontaire.

Reconnaissant la nécessité d'avoir un abri plus com-
mode dans l'intérêt même des observations qu'il se propo-
sait de faire, un autre observateur éminent, M. Dollfus-
Ausset, fit construire en 1842, sur la rive méridionale du
glacier, un pavillon dans lequel plusieurs chambres se
trouvaient constamment à la disposition des savants et des
voyageurs. Grâce à cette généreuse sollicitude, on peut

maintenant étudier les phénomènes des glaciers sans s'exposer aux grandes privations de ceux qui ont les premiers séjourné dans ces régions désolées.

Depuis, M. Agassiz a continué dans l'Amérique du Nord les travaux qui ont rendu son nom justement célèbre, et, parmi ces travaux, ceux qui se rapportent à l'étude des anciens glaciers du nouveau continent ont confirmé les découvertes dues à l'observation des mêmes phénomènes sur la chaine des Alpes et les chaines secondaires de l'Europe.

ANALOGIE DES FLEUVES ET DES GLACIERS

Après la constatation de la descente des glaciers le long de leurs vallées, les naturalistes se mirent à mesurer de la manière la plus attentive les mouvements de leurs diverses parties, qu'ils trouvèrent très-différents. Le procédé employé fut le suivant : on plantait des séries de pieux en ligne droite, et chaque rangée était rapportée à des marques bien apparentes sur les parois rocheuses latérales. Si l'année suivante on allait visiter les pieux, on trouvait qu'ils avaient avancé, mais qu'ils n'étaient plus alignés; ils décrivaient alors une courbe dont les inflexions faisaient connaitre la marche relative des divers points de la surface.

C'est ainsi que M. Agassiz découvrit que le milieu du glacier de l'Aar avance annuellement d'environ 72 mètres, tandis que les parties latérales se déplacent à peine de quelques mètres. Des mesures analogues prises sur plusieurs autres glaciers prouvent que ce mouvement peut être considéré comme une loi générale, loi qui ressort d'ailleurs aussi de l'inspection de toutes les crevasses transversales. Ces crevasses en effet ne restent jamais droites, mais prennent progressivement une forme courbe dont la convexité avance vers le bas de la vallée.

On reconnut en outre que la partie superficielle des glaciers se meut toujours plus vite que le fond. Enfin MM. Tyndall et Hirst constatèrent, au moyen d'instruments d'une très-grande précision, que ce n'est pas au centre que se trouve le lieu du maximum de vitesse, mais que, selon les sinuosités de la vallée parcourue, ce lieu passe tantôt d'un côté du centre et tantôt de l'autre. Or le mouvement d'un fleuve montre précisément tous les caractères que nous venons d'énumérer, et la vérité pressentie par Mgr Rendu se trouvait ainsi vérifiée dans ses moindres détails. Lorsque, par exemple, on regarde du haut d'un pont comment la rivière heurte les culées, on voit que l'eau s'élève en amont, contourne l'obstacle et s'engouffre en aval. Le même effet peut très-bien se reconnaître auprès du promontoire de Trélaporte, sur la mer de glace du mont Blanc, où on l'observe dans des proportions gigantesques.

Mais comment une matière d'apparence aussi rigide que la glace peut-elle obéir ainsi aux lois du mouvement des fluides ? Cette question se posa aux savants dès qu'ils ne purent plus admettre avec M. de Saussure le simple glissement des glaciers sur les pentes. Le physicien Scheuchzer donna une explication fondée sur des infiltrations de l'eau dans les nombreuses fissures de la glace. Selon lui, la masse entière pouvait être comparée, pendant l'été, à une éponge imbibée d'eau, qui congelée ensuite par le froid de l'automne et de l'hiver, se dilatait et produisait un gonflement du glacier dans tous les sens. Il lui était impossible de reculer, de remonter la pente, et l'augmentation devait se manifester à sa partie inférieure. Cette théorie, adoptée également par M. Agassiz, ne put tenir devant les observations nouvelles. Le physicien anglais Forbes développa alors ses idées sur la viscosité de la glace, qui, à leur tour, ont été généralement rejetées, depuis que M. Tyndall a fait voir que par le regel, dont nous avons parlé dans le chapitre précédent, on peut mieux expliquer toutes les circonstances du phénomène.

Des thermométrographes descendus dans des puits verticaux creusés dans les glaciers ont servi à vérifier que ces derniers conservent d'une manière permanente, dans toutes leurs parties, la température de zéro ou très-voisine de zéro, nécessaire pour que le regel s'opère. Par suite de la grande pression qu'elle éprouve, la glace est broyée, les contacts sont à chaque instant rompus à l'intérieur, mais les innombrables surfaces ainsi mises à nu se ressoudent, car, au commencement de fusion suscité par la pression correspond un refroidissement des portions de glaces voisines, refroidissement, qui, à son tour, produit le regel.

Ce travail moléculaire suffit pour que la glace puisse s'ajuster aux sinuosités des couloirs en restant constamment un tout compacte ; mais il y a des endroits où, par suite d'un changement de pente trop brusque ou du mouvement de la masse autour d'un promontoire, les écartements produits ne peuvent plus se ressouder et de grandes crevasses restent alors ouvertes à la surface des glaciers. La formation de ces fentes est en opposition formelle avec la théorie qui assimile un glacier à un corps visqueux ; si un tel corps contourne un promontoire, il ralentit sa marche, mais aucune solution de continuité n'est produite dans sa masse ; s'il arrive à une pente plus forte, sa marche est accélérée sans qu'il y ait des déchirures.

On a observé au contraire dans les glaciers de très-grandes dislocations aux points où le fond des vallées change brusquement d'inclinaison ; en se précipitant ils forment alors des *cascades de glace*. M. Tyndall a décrit celle qu'on voit sur le glacier de Talèfre, avant sa jonction avec la mer de glace du mont Blanc. « A l'endroit, dit il, où la chute commence, il se produit transversalement des crevasses énormes, qui bientôt se succèdent si rapidement qu'elles réduisent la masse entière du glacier à n'être plus qu'un amas de simples plaques ou coins, que le voyageur ne franchit qu'avec des précautions inouïes et presque en rampant. Ces plaques et coins sont quelquefois courbés et contournés par l'action des pressions latérales ; et des forces tourbillonnantes ont tellement agi sur certains points qu'elles ont fait tourner de 90 degrés de grandes masses pyramidales, amenant à angle droit l'une par rapport à l'autre des surfaces contiguës dans la position normale. La glace commence ensuite à tomber, et les portions exposées à la vue deviennent un assemblage fantastique de fragments, de clochetons, de tourelles de glace, quelquefois debout, souvent renversées, tombant par intervalles avec le fracas du tonnerre, et réduisant en poussière les rochers de glace sur lesquels ils tombent [1]. »

Des cascades semblables s'observent sur le glacier de Corbassière, sur le glacier des Bois et au-dessous de Montanvert, sur le glacier du Géant, entre l'Aiguille-Noire et celle de Blaitière, sur celui du Grindelwald inférieur, au-dessous de la Stieregg. Après que le glacier a franchi la dénivellation, la cascade cesse, les crevasses deviennent moins nombreuses et l'on voit se reformer une surface

---

[1] *La chaleur considérée comme un mode du mouvement.*

unie que les voyageurs peuvent aisément traverser. C'est évidemment par suite d'un regel successif que se recollent ainsi, sur une pente plus faible, toutes les parties dont les cascades de glace sont formées.

Cascade du glacier de Corbassière.

GLACIER DU WEISSHORN

Le polissage, l'usure et la cannelure des rochers dont le lit des glaciers est composé, sont une preuve de leur progression le long de ce lit. Il a été possible d'ailleurs de constater comment, de leur côté, ces rochers forment des sillons longitudinaux dans la masse solide qui glisse sur eux. « En descendant du sommet du Weisshorn, dit M. Tyndall[1], je trouvai près des flancs de l'un de ses glaciers une masse de glace formant une toiture complète au-dessus d'une excavation qu'elle avait recouverte, sans y pénétrer. Une partie considérable de la surface inférieure du glacier était ainsi mise à découvert, et la glace

[1] *Dans les montagnes*, traduit par L. Lortet. — Collection Hetzel.

de cette surface était plus finement cannelée que tous les
rochers striés que j'ai pu voir. Un ébéniste n'aurait rien
pu produire, à l'aide de ses outils, de plus régulier et de
plus beau. Des sillons et des arêtes couraient ensemble
dans la direction du mouvement ; les plus larges et les
plus profonds étaient striés de lignes plus fines, produites par les aspérités plus petites et plus aiguës. La glace
ayant été parfaitement abritée, la poussière blanche des
rochers sur lesquels elle avait passé et qu'elle avait enlevée dans sa marche lui était encore adhérente. »

UTILITÉ DES GLACIERS

« L'intelligence qui reluit partout à côté des œuvres de
la nature a placé son sceau sur les glaciers aussi bien que
sur la plaine fertile qui se couvre de moissons. Le globe
entier a été disposé dans ses mouvements et dans ses formes de manière à conserver et à reproduire la vie que le
souffle divin a laissé tomber dans le monde. Le feu, l'air
et l'eau sont pour tous les êtres organisés une condition
première de vitalité, et l'admirable combinaison qui les
ramène toujours, pour des besoins qui renaissent toujours, réfléchit la pensée divine sur la pensée créée. Le feu
qui accompagne l'astre du jour, le feu qui jaillit sur la
terre, remonte vers les astres et revient à nous ; l'air, qui
se consume, s'absorbe et se recompose ; l'eau, qui voyage
sans cesse autour du globe, n'est-ce pas le flux et le re-
flux de la vie ? « Bénissons l'Éternel, qui a suspendu des
« amas d'eau au-dessus des montagnes, afin que, par cette
« disposition de sa sagesse, la terre fût arrosée[1]. »

[1] Ps. CIII.

« Si les eaux que les pluies et la condensation des vapeurs apportent sur la terre se remettaient immédiatement en voyage pour rentrer dans le bassin des mers, la terre passerait subitement de l'inondation à la sécheresse et resterait souvent des mois entiers sans cet élément dont elle ne peut se passer un seul jour. Le suprême Ordonnateur a pourvu à cette nécessité, et les sources, les ruisseaux et les fleuves, images de sa providence, couleront toujours. Deux moyens ont été mis en œuvre pour retenir les eaux sur les sommités du globe, et de là les laisser couler avec une sage parcimonie, afin que les provisions puissent suffire à la longueur de la disette. Les eaux des pluies et des vapeurs condensées se rassemblent dans les cavités des montagnes, s'échappent par les fissures des rochers, et vont couler le long des vallées ; ou bien encore, les eaux courent en abondance se durcir sur les points culminants de la demeure de l'homme et, en fondant lentement pendant la saison de la sécheresse, entretiennent les sources et les rivières. Des physiciens ont avancé que la pluie et la fonte des neiges n'étaient presque pour rien dans l'entretien des sources, entièrement dues à la condensation des vapeurs. Ces naturalistes n'ont pas vu la nature chez elle ; s'ils venaient passer quelques années dans nos montagnes, ils verraient combien est grande leur erreur. C'est là qu'il faut étudier tous les phénomènes qui se rattachent aux écoulements naturels des eaux. Il n'est pas une montagne qui n'ait à ses pieds ou le long de ses flancs une multitude de sources, dont il est pour l'ordinaire facile d'assigner l'origine. Les unes commencent à couler quelques heures après la pluie et tarissent plus ou moins rapidement à raison de leur abondance ; d'autres ne coulent que pendant la pluie, parce qu'elles n'ont aucun réservoir pour réunir les eaux ;

il en est enfin qui tarissent après un mois, deux mois, trois mois de sécheresse, selon la capacité du réservoir qui les alimente ; mais toutes ne recommencent à couler qu'après les pluies, et leur cessation a lieu précisément dans le temps où la condensation des vapeurs doit être plus abondante. Au pied des montagnes de neige perpétuelle, il y a beaucoup de sources qui ne jaillissent que pendant l'été, parce qu'elles doivent infailliblement leur origine à la fonte des glaciers. Enfin, il suffit de voir les sources, les torrents, les rivières, pendant la saison des chaleurs et sécheresses, pour rester convaincu que les glaciers ne sont que des magasins de prévoyance ouverts aux besoins des êtres organisés[1]. »

AVANCE ET RETRAIT DES GLACIERS. — ABLATION

On arrivera un jour à pouvoir conclure des modifications d'un glacier à celles de l'atmosphère et réciproquement ; mais, pour établir avec la précision qu'exige la science le lien qui unit les deux ordres de phénomènes, de nombreuses observations météorologiques sont encore nécessaires. En ce qui concerne l'action de la température, il y a surtout un fait intéressant à étudier : le mouvement d'oscillation produit par la fonte à l'extrémité d'un glacier, combiné avec la progression générale de sa masse. Cette fonte est quelquefois assez considérable pour l'emporter sur la progression, alors le glacier recule ; sinon il continue à se porter en avant, même pendant l'été. L'un ou l'autre cas se présente suivant le caractère météorologique de l'année. En 1818, par exemple, où la pluie était

[1] Mgr Rendu.

fréquente et le ciel couvert, des mesures prises avec soin ont constaté une avance de 48 mètres du glacier du Rhône, tandis que, pendant les étés chauds, il recule ordinairement d'une manière très-sensible.

Les glaciers qui avancent tout à coup dans certaines années extraordinaires produisent des dégâts considérables ; ils renversent les forêts, les maisons, et envahissent souvent des champs cultivés. Lorsque, leur progression n'étant plus en rapport avec la fusion, ils semblent reculer, les terres qu'ils avaient envahies sont jonchées de cailloux, de sable et de blocs de rochers.

Dans une exploration faite pendant l'automne de 1865, dans la vallée de Chamounix, M. Charles Martins [1] a constaté les retraits plus ou moins considérables de tous les glaciers qui y aboutissent, ainsi que la diminution de leur épaisseur par la fusion et l'évaporation superficielles, phénomène qu'on désigne sous le nom d'*ablation*.

Les mesures prises avec exactitude donnent pour résultat que le glacier des Bossons a reculé en douze ans de 332 mètres ; celui des Bois, de 118 mètres ; celui d'Argentières, de 171 mètres ; enfin celui du Tour, de 520 mètres. La cause générale du phénomène du retrait paraît être le peu d'abondance des neiges tombées pendant les dix derniers hivers et la chaleur des étés.

Après avoir constaté le retrait et l'ablation des glaciers à leur partie inférieure, M. Ch. Martins voulut savoir aussi quels changements s'étaient opérés dans leur région supérieure ; pour cela il résolut de remonter la Mer de glace et de s'élever jusqu'au col du Géant par le glacier du même nom.

La surface du rocher de l'Angle, poli et strié sur une

[1] *Bibliothèque universelle de Genève.* Juillet 1866.

hauteur de 20 mètres, lui indiqua que la Mer de glace avait perdu une couche de cette épaisseur. « A partir de ce rocher, dit-il, je mis le pied sur la glace, que je ne quittai plus. J'avançai ainsi jusqu'à l'endroit où le glacier de Talèfre se jette dans la Mer de glace, dont il est le plus puissant affluent. Les touristes qui se rendent au *Jardin*, îlot riche en plantes alpines, situé au milieu de ce glacier, quittaient jadis dans ce point la Mer de glace pour monter sur le *Couvercle*, base de l'aiguille du *Moine*, et éviter ainsi les crevasses du glacier de Talèfre. Maintenant ce trajet est impossible; il faudrait une échelle de 25 mètres de haut pour s'élever du glacier sur le Couvercle, nouvelle preuve de l'ablation de la Mer de glace à son confluent avec le glacier de Talèfre.

« Je traversai la moraine latérale droite du glacier du Géant, et m'élevai sur le contre-fort occidental de la montagne de Tacul, pour aller coucher sous un gros bloc connu sous le nom de *pierre de Tacul*, qui sert d'abri aux chasseurs de chamois et aux chercheurs de cristaux. C'est un bloc de protogène, couvert de noirs lichens, qui s'est arrêté à mi-côte de la montagne et surplombe assez pour que trois hommes puissent se loger dessous : un mur en pierres sèches complète ce logement. Cette pierre se trouve à 100 mètres au-dessus des glaciers et à 2,400 mètres au-dessus de la mer. Le sol environnant est criblé de trous de marmottes et la végétation est celle qu'on observe à ces hauteurs. — Peu de points sont situés plus favorablement pour embrasser l'ensemble de la Mer de glace et de ses affluents. On découvre le mont Mallet, l'aiguille du Géant, l'aiguille et le glacier de la Noire, la Vierge, le Flambeau, le grand Rognon, l'aiguille de Blaitière, le Moine, l'aiguille Verte, les Droites et les Courtes qui dominent le Jardin. Le glacier du Géant est sous les pieds du specta-

teur ; il n'a point de moraine médiane, et les couches paraboliques de la glace se dessinent admirablement entre
les moraines latérales. Celles-ci sont au nombre de cinq
à la pointe du Tacul sur la rive droite du glacier. Quatre sont des moraines latérales formées par des éboulements des montagnes de la rive droite du glacier du
Géant. La cinquième est la moraine latérale gauche du
glacier de Leschaux, qui se réunit aux quatre autres, et
devient ainsi une des moraines latérales droites du glacier principal. — En cet endroit, de nouvelles preuves du
retrait des glaciers se révélaient à moi. L'aiguille de Blaitière est en face du Tacul. De petits glaciers de second ordre descendent de cette aiguille, mais n'atteignent pas le
glacier du Géant, au-dessus duquel ils restent suspendus.
On les nomme glaciers d'*envers de Blaitière*. Entre ces
glaciers et la surface de celui du Géant, on aperçoit une
bande gazonnée et d'un vert jaunâtre de 30 mètres environ. Au-dessus et au-dessous de cette bande, l'abrupt est
poli, strié, dépourvu de toute saillie et de toute végétation. Cette bande gazonnée, où la terre végétale est restée,
prouve qu'à une certaine époque le glacier du Géant s'était élevé jusqu'à son bord inférieur, tandis que les glaciers d'envers de Blaitière descendaient jusqu'au bord supérieur : elle-même n'a jamais été envahie par la glace.
Cette bande nous montre donc quel a été l'écartement minimum du grand glacier et de ses satellites à l'époque de
leur *maximum* de puissance et d'extension. Maintenant,
au contraire, l'écart vertical entre la surface du glacier
du Géant et l'extrémité inférieure des glaciers suspendus
est de 150 mètres environ. La bande verte est plus rapprochée de la surface du glacier du Géant que de l'escarpement des glaciers d'envers de Blaitière, car ceux-ci,
alimentés par de petits bassins de réception, ont reculé

encore plus que le glacier du Géant ne s'est abaissé. »

M. Martins parvint au col du Géant vers le milieu de la journée, après une pénible ascension. Il s'arrêta sur les rochers où, en 1788, de Saussure passa seize jours à 3,362 mètres au-dessus de la mer. Malgré les vapeurs qui s'élevaient du côté de l'Italie, il put jouir dans les éclaircies du spectacle admirable que présente le versant méridional du mont Blanc. Il voyait s'étendre sous ses pieds le glacier de la Brenva, qui est le pendant exact de celui des Bossons et qui s'avance comme lui au milieu des bois et des champs cultivés. Son extrémité inférieure avait aussi reculé d'une longueur qu'on pouvait estimer à 300 mètres environ. « J'étais heureux, dit M. Martins, en terminant sa relation, d'avoir visité le col où de Saussure séjourna en 1788, et je me félicitais d'avoir réussi, aux approches de la vieillesse, dans une ascension qui me rappelait celles que je faisais il y a vingt ans sans me fatiguer autant, mais sans jouir davantage de ces aspects sublimes et pleins d'enseignements, qu'on voudrait revoir sans cesse quand on en a compris une fois le charme intime et l'incomparable grandeur. »

LES CREVASSES

Le nom de Mer de glace qu'on a donné à certaines parties à la fois très-vastes et très-tourmentées de la surface des glaciers, vient de ce que leur aspect suggère le même terme de comparaison à tous les voyageurs qui ont voulu les décrire. « La surface du glacier qu'on voit du Montanvert, dit de Saussure, ressemble à celle d'une mer qui aurait été subitement gelée, non pas dans le moment de la tempête, mais à l'instant où le vent s'est calmé, où les vagues, quoique très-hautes, sont émoussées et arrondies. »

Ces nombreuses aspérités des mers de glace et de quelques autres parties des glaciers varient de forme et d'élévation ; leur arrangement présente aussi une grande diversité. Ici ce sont de petites collines confusément dispersées ; là des arêtes de glace se prolongent comme de longues vagues, dont quelques-unes s'étendent d'un bord à l'autre du glacier. Leur sommet, quelquefois tranchant, n'est pas uniforme, mais surmonté d'aiguilles comme les arêtes granitiques qu'on rencontre si souvent au sommet des Alpes. Entre ces collines et ces arêtes, s'étendent de petites vallées de profondeur variable qui ont été creusées par l'eau de fusion, de la même manière que l'eau de pluie ravine les terrains ; elles constituent une première espèce de *crevasses*.

Crevasse.

Leur formation présente quelques particularités remarquables. La glace n'est pas partout également fusible : ses parties les plus poreuses et celles qui renferment des dépôts de substances terreuses se fondant plus rapidement,

Glacier de Svinafells-Jokull.

la surface du glacier se couvre de petits canaux qui s'approfondissent bientôt, et, si quelques crevasses rapprochées sont parallèles, les parois intermédiaires forment les longues crêtes dont nous avons parlé. Continuellement lavées par l'eau de fusion, ces parois sont luisantes et colorées d'un beau vert d'aigue-marine ou striées de bandes bleues et blanches.

On observe sur la surface crevassée de quelques glaciers une disposition singulière. Si le voyageur qui monte sur celui des Bois regarde vers la source, il aperçoit de nombreuses rangées d'aiguilles et de remparts escarpés, hauts souvent de plus de 6 mètres, tandis qu'en se retournant vers le bas du glacier, la surface lui paraît presque unie. La cause d'une si grande différence d'aspect se trouve dans l'inclinaison des faces des arêtes qui ont toutes un côté escarpé et un côté à pente douce : on voit le premier ou le second selon qu'on regarde en haut ou en bas. Cette disposition des arêtes est simplement une conséquence de l'orientation du glacier des Bois. Comme il est dirigé à peu près du nord au sud, les rayons solaires frappent la face sud de l'arête, et les eaux qui en découlent augmentent sans cesse la fusion, tandis que la face nord, préservée du soleil, ne peut pas fondre.

Nous empruntons à l'atlas du *Voyage de la Recherche* [1] le dessin de l'un des grands glaciers de l'Islande, celui du Svinafells-Jokull, remarquable par ses crevasses et ses belles aiguilles. Cette masse énorme de glace est située, ainsi que la coulée de lave qui lui est contiguë, sur les flancs du volcan de Klofa-Jokull. Elle est fendue de toute part, et peut avoir près de 200 pieds de hauteur dans sa partie la plus élevée. Sa couleur bleue est souvent altérée

---

[1] *Minéralogie et géologie*, par M. E. Robert.

par des zones noirâtres de poussière volcanique alternant
avec la glace pure, et indiquant sans doutes les différentes
époques des éruptions. Les glaciers de cette partie de
l'Islande suivent la chaîne des volcans, et s'étendent sans
interruption sur un espace de 6 à 7 lieues, séparés de la
mer par une ceinture de moraines. Un véritable fleuve, le
Jokullsa, sort en bouillonnant de cette immense mer de
glace par plusieurs ouvertures, dont la moindre est aussi
large que la grande arche du glacier des Bois.

Nous avons déjà parlé d'une autre espèce de crevasses
produites par les tensions mécaniques qui se manifestent
dans les différentes parties des glaciers, lorsqu'il y a des
inégalités dans leur mouvement de translation. Ce sont de
grandes cassures, perpendiculaires ordinairement à la
direction des couches, variées en profondeur ainsi qu'en
nombre, et abondant aux endroits où il existe un coude
ou un escarpement dans les couloirs. D'après leur position
on les a divisées en crevasses marginales, transversales et
longitudinales. La tension oblique résultant du mouvement plus rapide des parties centrales produit les premières, qui sont dirigées du bord du glacier vers sa source.
Les secondes apparaissent partout où le fond de la vallée
change d'inclinaison; elles divisent la masse entière en une
suite de tranches lorsqu'elles viennent à s'unir, ainsi que
cela arrive quelquefois, aux crevasses marginales. Supposons la partie terminale d'un glacier arrêtée par un obstacle ; elle se trouve alors très-fortement comprimée par
la poussée qui agit de haut en bas, et, si elle peut s'étendre vers les côtés, on voit s'ouvrir des crevasses longitudinales.

On rencontre aussi des points où la distribution des
crevasses est très-irrégulière et où un grand nombre d'entre elles se croisent en divers sens. La glace se divise alors

Aiguille de glace.

en aiguilles, en prismes, en pyramides auxquelles la fusion donne bientôt les formes les plus bizarres. Nous reproduisons, d'après M. Tyndall, le dessin d'une des fantastiques figures qu'il vit en 1859 sur la surface disloquée du glacier des Bois.

Les naturalistes Hugi et Agassiz, pendant leur long séjour sur les glaciers, ont eu plusieurs fois l'occasion d'observer la formation des crevasses. Elles étaient toujours annoncées par de violents craquements dans l'immense masse de glace, qui éprouvait à plusieurs reprises des secousses semblables à celles qui agitent le sol pendant les tremblements de terre.

Bientôt apparaissait à la surface une fente légère dont l'œil pouvait facilement suivre l'extension dans le sens de la longueur. Elle s'ouvrait ensuite avec rapidité. Une large et profonde crevasse s'étant ainsi formée soudainement, on la vit ensuite se refermer au bout de peu de temps, et le regel se fit si bien qu'on put à peine distinguer sa place du reste de la surface du glacier.

Pendant ses nombreux voyages sur les glaciers, M. Tyndall n'assista qu'une seule fois à la naissance d'une crevasse. Il passait avec un de ses amis sur le glacier du Géant, quand un bruit sourd, semblable à une forte rafale, se fit entendre au-dessous d'eux. Des détonations se succédèrent ensuite, mais les intervalles étaient remplis par un son permanent. Elles paraissaient partir de points assez éloignés les uns des autres, tantôt plus haut et tantôt plus bas que le lieu où se trouvaient les voyageurs. C'était évidemment le glacier qui se brisait, mais les bruits intérieurs duraient déjà depuis une heure entière sans qu'il fût possible d'observer la moindre altération à la surface. Enfin, une grande quantité de bulles d'air traversèrent une flaque d'eau voisine, et tout près d'elle apparut une fente qu'on pouvait suivre assez loin en avant et en arrière, mais qui était à peine assez large pour permettre l'introduction de la lame d'un couteau. « M. Agassiz, ajoute M. Tyndall, a fait une description animée de la terreur qu'éprouvaient les guides dans une semblable circonstance; nous n'étions pas nous-mêmes exempts d'un sentiment de crainte lorsque le solennel silence du soir fut ainsi troublé sur le glacier. »

Beaucoup de voyageurs sont descendus dans les crevasses et ont rapporté de curieuses observations de ces périlleuses visites. Dans les hautes régions, les parois de glace ont des contours très-irréguliers, et sont garnies d'innombrables stalactites de toute dimension, provenant da la congélation des filets d'eau qui descendent de la surface. Des arcades merveilleusement festonnées donnent entrée dans des cavernes où l'on se trouve tout à coup enveloppé d'une magnifique lumière bleue. Quelquefois, en se penchant avec précaution, on peut jeter un coup d'œil dans de sombres abîmes du fond desquels arrive, comme une lointaine sonnerie de cloches, le bruit des eaux d'un torrent impétueux.

M. Berlepsch, dans son intéressant ouvrage sur les Alpes rapporte quelques détails relatifs à la descente que M. Coaz, naturaliste suisse, fit au fond d'une crevasse, près de l'extrémité inférieure du glacier de Morterastch. La journée était déjà avancée, et sous l'influence de l'air échauffé la fusion du glacier s'opérait très-activement. En pénétrant dans une excavation assez profonde, M. Coaz vit les parois parsemées d'un grand nombre de bulles d'air rondes ou elliptiques. Beaucoup de ces bulles étaient traversées par de l'eau suintant goutte à goutte et paraissaient avoir des sortes de pulsations régulières. Dans quelques points de la paroi, il y avait de petits tourbillons d'eau larges de 1 à

2 centimètres et se mouvant avec rapidité. Ne les ayant pas aperçus de prime abord, le voyageur pensait qu'ils s'étaient formés depuis son arrivée, probablement par suite du surcroit de la chaleur apportée par son corps. Ces singuliers mouvements avaient lieu dans les cavités agrandies des bulles d'air, où l'eau pénétrait après avoir traversé un canal très-étroit. Un rayon de soleil arrivant à travers l'orifice de la crevasse revêtait la glace et ces eaux vivement agitées des plus brillantes couleurs.

LES MOULINS. — TABLES DES GLACIERS

L'eau de fusion qui ne trouve pas de pente pour s'écouler rester en place, creuse une cavité et perce quelquefois le glacier de part en part pour se vider au-dessous. Elle forme ainsi, au lieu de crevasses, des puits, ou, comme on les appelle généralement, des *moulins*.

Ces cavités ont diverses formes : ne présentant souvent à la surface du glacier qu'un petit trou rond, elles deviennent ensuite plus larges et se rétrécissent de nouveau en avançant vers le fond; quelquefois, au contraire, l'ouverture supérieure est d'une assez grande dimension avec des bords sinueux. Le canal doit avoir des étranglements et des renflements, selon que les couches de glace qu'il rencontre sont plus poreuses ou plus compactes. Pendant tout le temps du creusement il est rempli d'eau jusqu'au bord; le phénomène qui s'y passe s'explique facilement par le changement de densité que ce liquide éprouve en changeant de température. Les couches qui se trouvent à la surface, chauffées par le soleil, l'air et quelquefois par les pluies, peuvent arriver à 3, 4 ou 5 degrés au-dessous de zéro; elles approchent alors de leur maximum de densité, et descendent au fond pendant que les couches froides remontent pour venir à leur tour se mettre en contact avec les agents atmosphériques. La fusion s'opère par l'eau attiédie, jusqu'à ce qu'elle soit revenue à zéro, et cède la place à un nouveau courant venu d'en haut. On dirait un agent mécanique employé par une intelligence pour creuser ce réservoir.

Quand la saison permet une longue fusion ou que le moulin se trouve dans une partie du glacier peu profonde ou de consistance poreuse, le canal atteint le fond et devient alors un passage pour les eaux de la surface, qui y tombent en cascade vers le sol et coulent ensuite sous des voûtes de glace jusqu'à l'extrémité inférieure du glacier. Il y a quelquefois des moulins dans lesquels on entend se précipiter des eaux paraissant sortir des parois de glace qui les entourent. Cela peut arriver quand la masse du glacier est formée de diverses couches superposées plus ou moins compactes. Si alors un ruisseau coulant au fond d'une crevasse vient à rencontrer des parties moins résistantes, il les fait fondre et perce un canal latéral qui peut se diriger vers des moulins. Plusieurs cascades se croisant au fond d'un tel abîme produisent un bruit que des voyageurs ont comparé au mugissement de l'ouragan et au grondement du tonnerre.

L'abaissement successif du niveau des glaciers, par l'effet de la fusion et de l'évaporation, donne lieu à des phénomènes remarquables, dont l'un entre autres a vivement frappé l'imagination populaire. Il y a encore parmi les montagnards des Alpes un préjugé que beaucoup de voyageurs et de naturalistes ont longtemps partagé : c'est que les glaciers rejettent à leur surface tous les corps étrangers qui sont dans leur intérieur. Les guides, pour indi-

quer ce fait, se servent d'une expression qui renferme à
ce sujet toute la croyance du pays : « Les glaciers, disent-
ils, ne gardent rien d'impur. » Aucune force mystérieuse
n'est nécessaire pour expliquer comment un rocher, après
avoir roulé dans une crevasse profonde, peut remonter
peu à peu à la surface du glacier. L'ablation superficielle
par la fusion et l'évaporation rendent parfaitement compte
de ce phénomène. Qu'on examine un rocher encore enseveli dans la glace et ne se montrant à la surface que par
un point. Ce point, à peine visible d'abord, augmentera au
bout de quelques jours. Après une année, le progrès sera
très-sensible, et enfin il arrivera un moment où tout le rocher sera découvert. Pourquoi conclure de là que la glace
l'a repoussé? N'est-il pas tout aussi facile de dire que, la
glace ayant diminué en dessus et ensuite autour de lui, il
s'est trouvé à la surface parce que cette surface s'est abaissée à mesure que la fusion s'est opérée?

Le fait suivant, dû à la même cause, paraît au premier
abord plus étonnant encore. Quand un gros bloc de pierre
protége par sa masse, contre l'action du soleil, la glace
qu'il recouvre, celle-ci ne fond pas, et tandis que le niveau
général du glacier s'abaisse, la pierre finit par se trouver
au sommet d'un piédestal de glace, dont la hauteur est
proportionnelle à l'activité de la fusion pendant les chaleurs de l'été. On a donné à ces pierres le nom de *tables
des glaciers*; presque tous les glaciers en présentent quelques-unes, mais elles se trouvent surtout sur celui de
l'Aar inférieur, près du Grimsel.

M. Tyndall y a observé de curieux phénomènes. Les
rayons du soleil, qui frappent les tables pendant toute la
journée, échauffent davantage leur extrémité méridionale, où se produit par suite un plus grand ramollisse-
ment de la glace sous-jacente, ce qui fait incliner progres-

sivement les pierres vers le sud. On peut même dire que leur pente varie suivant la position du soleil ; le matin, elle se prononce davantage vers l'est, et le soir vers l'ouest. A midi, ce nouveau genre de cadrans solaires indique la direction du méridien. On comprend que les mêmes circonstances limitent la durée de la suspension des tables ; acquérant tous les jours une plus forte inclinaison vers le sud, elles finissent par glisser sur le glacier, qui leur fournit bientôt un nouveau piédestal.

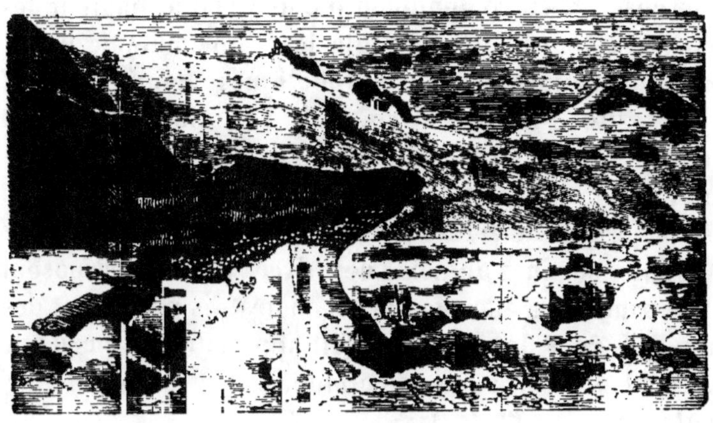

Tables des glaciers.

On peut regarder les grandes moraines centrales comme des amas de tables de glaciers, car elles forment toutes de longues arêtes rocheuses élevées de plusieurs mètres au-dessus du niveau général de la glace. Sur divers points des glaciers on trouve aussi des cônes très-réguliers, composés en apparence d'une accumulation de gravier, et que M. Agassiz a appelés des *cônes graveleux*. En les examinant de près, on voit que les pierres de la surface sont unies entre elles par de la glace comme par un

ciment, et que la partie centrale est constituée par un bloc
de glace compacte préservé de l'action du soleil par cette
couche extérieure, pendant que le glacier fondait autour
de la base. Ces cônes ne sont formés que par des matériaux blanchâtres ; lorsque du sable et de menus fragments
des roches de couleur se trouvent exposés au soleil sur
un glacier, ces corps, au lieu de préserver la glace, s'é-
chauffent au point de faire fondre celle qu'ils touchent,
et descendent insensiblement dans des trous assez profonds ainsi creusés dans le glacier.

On observe, en contemplant d'une certaine hauteur les
parlies peu tourmentées des glaciers, une suite de lignes
noires formant des courbes paraboliques ou ogivales dont
la convexité est tournée en aval. Les Anglais leur ont
donné le nom de bandes sales (*dirtbands*). Elles sont, selon M. Ch. Martins, une conséquence de la stratification
des glaciers. Celle-ci résulte, comme nous l'avons dit, des
différentes couches de neige de l'hiver, qui se superposent
en laissant entre elles des dépôts noirâtres provenant des
impuretés de l'air. La fusion fait apparaitre les bords de
ces couches à contour parabolique, allongées vers le bas
du glacier.

DISTRIBUTION GÉOGRAPHIQUE DES GLACIERS. — GLACIERS DE MARS

L'extension des glaciers varie en général suivant la latitude. Entre les tropiques et dans les zones tempérées, on
n'en trouve que dans les vallées supérieures des grandes
chaines. Plus près du cercle arctique, ils couvrent les
montagnes de médiocre hauteur, et une couche glacée a
entièrement envahi les terres les plus rapprochées des
pôles.

Les Pyrénées n'ont que des glaciers de petite dimension ou de second ordre; les plus grands, ceux de Vignemale, du mont Perdu et de la Maladetta, suspendus sur le flanc des montagnes, ne descendent pas dans les vallées. Dans les Alpes, au contraire, dominent les glaciers de premier ordre. On peut se faire une idée de leur grandeur par les indications suivantes : — La mer de glace du mont Blanc seulement, sans compter les nombreux glaciers secondaires, a 12 kilomètres de long. Le glacier de l'Aar, d'une longueur de 8 kilomètres et d'une largeur, sur quelques points, de 1 kilomètre et demi, est épais d'environ 250 mètres en moyenne : on a évalué son volume à 3 kilomètres cubes. Le parcours du glacier d'Aletsch dépasse 24 kilomètres, et un calcul approximatif a donné 22 milliards de mètres cubes pour son volume. On compte six cents glaciers dans les Alpes ; d'après le naturaliste Ébel, leur superficie totale serait de 137 lieues carrées.

Dans le Caucase, dont le principal sommet dépasse celui du mont Blanc, il y a aussi des glaciers très-puissants ; mais, par suite de l'influence de la latitude, leurs extrémités descendent moins bas que dans les Alpes.

« Semblables pour leur mode de formation aux glaciers des Alpes, présentant les mêmes phénomènes physiques, les glaciers sont répandus en nombre extraordinaire dans la haute Asie, et pourtant il y a quelques années à peine qu'on en connaît l'existence. Avant l'année 1842, on ne savait pas que la haute Asie possédât des glaciers; bien plus, on avait échafaudé hypothèse sur hypothèse pour démontrer que les grandes chaînes en question n'en pouvaient pas avoir.

« Le capitaine Montgomérie, l'un des officiers chargés de la mensuration trigonométrique de l'Inde, savant que recommandent la conscience et la précision de ses tra-

vaux, dit que le glacier de Baltoro, dans la vallée de Bra-
haldo, a 36 milles anglais de long sur une largeur qui varie de 1 mille à 2 milles et demi ; chacune des pentes du
Biafo donne naissance à un glacier, et les deux réunis forment un fleuve congelé et continu d'une longueur de 54
milles anglais se développant presque en ligne droite,
sans autre interruption que les crevasses communes à tous
les phénomènes de cet ordre. Comparés à ces gigantesques glaciers, ceux des Alpes peuvent certainement être
qualifiés de petits.

« L'extrémité inférieure des glaciers de la haute Asie
descend assez bas au-dessous de la limite des neiges éternelles, à 11,000, quelquefois 10,000 pieds au-dessus du
niveau de la mer, dans la chaine de l'Himalaya. Quelques-
uns des glaciers du Thibet descendent encore plus bas ;
celui du Bepho s'abaisse jusqu'à 9,876 pieds. Ceux du Ka-
rakoroum et du Kouen-Loun offrent les mêmes caractères
que ceux du Thibet. Un trait commun à tous, c'est qu'ils
étaient autrefois bien plus étendus qu'aujourd'hui[1]. »

Sur les montagnes peu élevées de la Scandinavie, la
formation des glaciers est favorisée par un climat froid et
humide. En abordant l'Islande et l'île Jan Mayen, on voit
les glaciers arriver jusqu'au rivage ; ceux du Spitzberg le
dépassent et s'écroulent périodiquement dans les flots. Les
navigateurs qui remontent la baie de Baffin et le détroit
de Smith observent le même fait sur quinze glaciers qui,
des Alpes groënlandaises, progressent constamment jusqu'à la côte. Parmi eux se trouve le gigantesque glacier
de Humboldt, qu'on suit du 79e ou 80e degré de latitude
sur une longueur de 111 kilomètres. Le plus élevé des

---

[1] *Exploration de la haute Asie*, par les frères de Schlagintweit. —
Tour du monde, n° 352.

gradins escarpés qui le terminent a de 90 à 100 mètres de haut.

Sur la côte septentrionale de l'Asie, on ne rencontre aucun glacier, si ce n'est dans la Nouvelle-Zemble et dans le Kamtschatka. Leur absence de la Sibérie provient de ce que cette contrée ne renferme pas de montagnes, l'air y étant d'ailleurs toujours très-sec.

Dans les montagnes de l'Amérique tropicale, le petit nombre de glaciers qui descendent au-dessous de la ligne des neiges éternelles s'arrêtent à une faible distance de cette ligne. Ils descendent plus bas dans la zone tempérée, mais c'est surtout quand on arrive au sud du Chili qu'on les voit prendre une grande extension et atteindre bientôt la mer. Dans la baie d'Eyre, sous la latitude correspondante à celle de Paris, le savant naturaliste Darwin observa dans une seule journée plus de cinquante îles de glace détachées du rivage et se dirigeant vers la haute mer. Les Alpes patagoniennes et les montagnes de la Terre-de-Feu recevant continuellement des vents d'ouest très-chargés d'humidité, sont dans les conditions les plus favorables à la formation des glaciers. Il en est de même de la Nouvelle-Zélande, où l'on trouve le glacier de Tasman, qui a 16 kilomètres de long sur 2,500 mètres de large. Dans cette île, comme sur les côtes du Chili, il suffit de descendre à quelques centaines de mètres au-dessous de l'extrémité des glaciers pour rencontrer la végétation tropicale, les palmiers et les fougères arborescentes.

Nous décrirons plus loin les puissants glaciers qui couvrent les terres découvertes par les navigateurs sous les plus hautes latitudes et dont l'étendue varie avec les saisons dans le courant de chaque année. Des modifications observées par les astronomes dans l'aspect de la planète Mars proviennent probablement aussi de la formation et

de la fusion de grands amas de glace au voisinage de ses
pôles. Lorsqu'on examine cet astre avec un fort télescope
on le voit entièrement parsemé de taches rougeâtres et
verdâtres, sauf en deux points situés aux extrémités de

Glaciers de la planète Mars.

l'axe, où se trouvent des taches d'un blanc pur et bril-
lant. L'étendue de ces taches est variable; à mesure que
celle de l'un des pôles diminue, l'autre s'accroît progressivement, de sorte que le minimum correspond toujours
à l'été, et le maximum à l'hiver de l'hémisphère où la tache est située, ce qui doit être si c'est à la neige et aux
glaces qu'il faut attribuer ces apparences.

III

PÉRIODE GLACIAIRE

PÉRIODE GLACIAIRE

Pendant l'été de 1815, un savant géologue, M. de Charpentier, qui explorait les glaciers de la Suisse, et qui avait
pris pour guide un chasseur de chamois, s'entretenait avec
lui du mode de transport des blocs de granit qu'on trouve
à une distance considérable de leur point d'origine. Contrairement à l'hypothèse alors admise du transport de ces
blocs par d'énormes courants d'eau et de boue, Jean Perraudin, qui dans sa vie errante avait observé avec attention
les phénomènes glaciaires, croyait que les causes anciennes n'avaient pas été différentes des causes actuelles,
et que les glaciers, jadis beaucoup plus étendus, avaient
transporté, comme ils les transportent encore aujourd'hui,
les blocs détachés des cimes qui les dominent. Cette opinion, due à l'intelligente observation des faits qui se pro-

duisent sous nos yeux, devait bientôt être adoptée par la plupart des géologues, et les aider à résoudre un problème dont les difficultés ont semblé s'accroître à mesure que la science, embrassant une plus vaste étendue, le posait dans toute sa grandeur.

C'est aussi en 1815 qu'un géologue écossais, John Playfair, après avoir parcouru les environs de Genève et de Neufchâtel, déclarait que les gros blocs de granit qu'on y rencontre, et dont quelques-uns ont servi de pierres druidiques, avaient été transportés par un immense glacier, s'étendant du mont Blanc jusqu'au Jura. Cette explication, basée sur l'état de conservation des blocs, dont les arêtes sont à peine émoussées, ne fut pas d'abord remarquée. Mais, à la suite de sa conversation avec Perraudin, M. de Charpentier, consultant les faits et rapprochant les observations, fut bientôt conduit à admettre la probabilité d'une ancienne extension des glaciers au delà de leurs limites actuelles. Après de longues études, qui établirent en lui une complète certitude, il fit connaître ses convictions, partagées par M. Venetz, ingénieur du Valais, que des recherches analogues sur les pierres transportées avaient amené aux mêmes opinions. Depuis cette époque, de nombreux travaux ont montré que toutes les parties du globe où s'élèvent des massifs montagneux présentent les traces du phénomène observé dans les Alpes, et l'hypothèse d'une ancienne extension des glaciers a été mise au rang des théories scientifiques par la plupart des naturalistes dont les vaillantes explorations ont jeté une si vive lumière sur cette dernière époque géologique[1]. On a même cru reconnaître l'existence de deux périodes glaciaires, sépa-

---

[1] Nous citerons surtout les remarquables études de M. Ch. Martins, qui nous sert ici de guide.

rées par une époque semblable à la nôtre, mais pendant laquelle existaient des animaux aujourd'hui disparus. Nous ne parlerons ici que de la dernière de ces périodes, immédiatement postérieure à l'apparition de l'homme sur la terre.

DESTRUCTION DES HAUTES CIMES

Ramond a très-bien décrit l'ensemble des phénomènes qui concourent à la destruction des hautes cimes, et qui jouent un grand rôle dans l'histoire des glaciers :

« Que ne peut-on, dit-il, construire une pente assez rapide pour que les neiges ne puissent s'y accumuler, sous un rocher capable de résister au choc des lavanges[1]; une demeure solide, chaude, bien approvisionnée, où un observateur pût être présent à ces révolutions, dont la nature a, jusqu'à ce jour, éloigné tout ce qui respire ; être spectateur de ces phénomènes qui, depuis tant de siècles, n'ont point eu de témoins ; soumettre à des calculs, assujettir à des mesures, les conflits des éléments, la vitesse des vents, la puissance des neiges déplacées, les convulsions de l'air et de la terre ! Que d'événements se succéderaient, jusqu'à présent inconnus, inobservés ; que de sensations et que d'idées nouvelles ! Quel spectacle, une fois que les tempêtes de l'automne se seraient emparées de ces lieux comme de leur domaine ; que l'isard léger et la triste corneille, seuls habitants de leurs déserts, en auraient fui les hauteurs ; qu'une neige fine, entraînée de pente en pente et volant de rochers en rochers, aurait englouti sous ses flots capricieux leur stérile étendue ; que

[1] Mot par lequel les habitants des Alpes suisses désignent les avaanches.

6

les sommets, entourés d'un nuage impénétrable, auraient
pour longtemps disparu aux regards!... Que de tempêtes alors ! Que de tourbillons ! Quels sourds tressaille-
ments dans les entrailles des monts !... et quel silence
lorsque l'hiver victorieux n'aurait plus de combats à livrer;
lorsque le soleil, pâlissant dans la sombre profondeur des
cieux, ne reparaîtrait que pour jeter un regard oblique
sur ces sommets glacés ; lorsque, dans la longue obscurité des nuits, la lune semblerait s'en approcher, pour
verser, avec sa lumière, le froid perçant des régions éthé-
rées !...

« Mais le soleil reprend sa puissance. Aux approches de
mai, régnant déjà sur nos plaines, il vient ici poursuivre
l'hiver dans ses derniers retranchements. Capricieux, pour
lors, et le front voilé de brumes légères, il les dissout en
pluies douces qui ouvrent la terre aux influences du
printemps... Bientôt il attaque les frimas de toute la force
de ses rayons; l'air s'embrase, la terre se ranime ; chaque
instant voit s'affaisser l'immense amas des neiges de décembre... Triomphe imparfait, et plus terrible, cependant,
que celui des hivers mêmes !... Pas un instant de silence
et de repos ; les lavanges roulent, bondissent de tous
côtés, avec l'impétuosité des eaux et le fracas de la fou-
dre ; les torrents, longtemps enchaînés, s'échappent et
s'élancent de toutes parts; les rochers, fendus par les
glaces, s'ébranlent, s'écroulent, ravagent les pentes et
couvrent de débris les profondeurs...

« — Telle est actuellement la condition des hauteurs
qui dominent le globe. Le temps, qui effleure d'un vol
léger le reste de la terre, imprime ici de profonds
vestiges de son passage ; et tandis qu'ailleurs il nous
dissimule la rapidité de sa course, en nous entraînant
nous-mêmes plus vite que la plupart des objets qui nous en-

vironnent, dans les montagnes, il nous déploie ce que cette vitesse a d'effrayant. Il ébranle, sous nos yeux, un édifice qui paraissait inébranlable à notre faiblesse, et il change, en notre présence, des formes que nous étions accoutumés à regarder comme éternelles. Dans les plaines, le temps semble s'arrêter quand il donne l'existence, quand il la développe, quand il la soutient ; on n'apprend qu'il passe que lorsqu'on le voit détruire son ouvrage. Ce n'est point le printemps, couronné de ses fleurs ; ce n'est point l'automne, prodigue de ses fruits ; ce n'est point la brillante succession des beaux jours qui nous rappellent que les saisons s'enfuient. Le triste sentiment de leur instabilité nous pénètre, pour la première fois, quand la feuille

Roches moutonnées et blocs erratiques.

tombe, quand l'arbre se dessèche, quand les jours s'abrègent, quand la nature en deuil ferme le cercle de ses reproductions. Dans ces rochers, au contraire, dans ces monts que ceignent les frimas d'un éternel hiver, rien ne distrait de la contemplation des ravages du temps. Chaque instant marque sur eux son passage ; chaque minute leur porte un coup sensible. La neige les ruine sans relâche ; le torrent les déchire sans cesse et leurs débris s'écroulent sans intervalles[1]. »

Les blocs et les fragments qui, par les crevasses des glaciers ou par l'intervalle compris entres les parois latérales et les flancs de la vallée, viennent former la moraine profonde, sont pour la plupart réduits en limon par l'énorme pression qu'ils supportent. S'ils résistent, le frottement les façonne, leur donne une forme arrondie et les couvre de stries entre-croisées. Il est important de remarquer ici que l'eau, qui polit et arrondit aussi les cailloux, ne les strie pas, et efface même à la longue les stries tracées par la pression des glaciers. On comprend que les blocs qui restent suspendus entre la roche et les parois du glacier présentent les mêmes apparences que ceux appartenant à la moraine profonde, tandis que les blocs des moraines latérales et médianes, portés à la surface et n'ayant à subir que la seule action des agents atmosphériques, conservent presque toujours leurs formes, leurs dimensions primitives, dimensions qui atteignent jusqu'à 20 mètres dans tous les sens. Ces blocs gigantesques, transportés à de grandes distances par les anciens glaciers, ont pris le nom de *blocs erratiques*.

BLOCS ERRATIQUES

La présence des blocs erratiques dans les plaines de l'Europe septentrionale et sur divers autres points de la surface du globe, constitue un des plus importants phénomènes de la géologie. Ces blocs, pour la plupart, ont été

[1] *Observations faites dans les Pyrénées*. Paris, 1789.

détachés des montagnes voisines. En certaines contrées, ils sont assez rares et comme dispersés à l'aventure; mais ordinairement on les trouve accumulés par groupes semblables à des digues dont la courbure varie et qui affectent différentes directions. Déposés au milieu des débris rocheux, d'amas de sable ou de graviers, les blocs erratiques paraissent quelquefois usés par le frottement, et ils présentent alors des stries entièrement semblables à celles qu'on observe sur les blocs appartenant aux moraines des glaciers. Les pierres dont la substance n'est pas très-dure se rencontrent rarement dans le terrain erratique, qui se compose de sable, de marne, d'argile, et de fragments de granit, de grès, de porphyre, etc. Les gros blocs, parfois isolés, ne proviennent pas toujours de montagnes rapprochées; souvent des distances considérables et la mer même les séparent des chaines où l'on doit placer leur gisement primitif. Ainsi, les blocs dispersés dans le Danemark et dans l'Allemagne septentrionale ont été amenés de la Norwége et de la Suède, et on rencontre en Prusse et en Pologne, des débris des montagnes de la Finlande. En Russie, en Hollande, en Angleterre, en Bretagne, se trouvent aussi des fragments de granit et de porphyre qui sont tous d'origine septentrionale. Sur les côtes d'Angleterre, dans la plaine du Yorkshire, on a même reconnu, dit-on, des blocs erratiques provenant de la côte du Labrador. Les pentes du Jura, les plaines du Piémont et de la Lombardie, sont couvertes de blocs innombrables, dans lesquels on reconnaît les espèces de granit qui constituent la masse du mont Blanc et des cimes environnantes. Les grandes digues formées par ces blocs circonscrivent l'extrémité de la plupart des lacs de la haute Italie, qui leur doivent leur existence et qui ont été désignés sous le nom de *lacs morainiques*.

M. Ch. Martins, en parlant de l'exploitation des blocs granitiques qui composent en grande partie les anciennes moraines sur le versant des Alpes, demande très-justement que quelques-uns de ces blocs soient *classés* comme les monuments historiques, afin de conserver à la postérité un frappant témoignage de l'acienne extension des glaciers. Dans plusieurs contrées on en a entrepris le catalogue. M. Steudel, naturaliste allemand, a rédigé celui de soixante-quinze blocs disséminés dans la Souabe supérieure. MM. Favre et Soret ont exécuté le même travail pour ceux de la vallée de l'Arve. Ils ont présenté, en outre, à la Société helvétique des sciences naturelles, qui l'a pleinement approuvé, un rapport intitulé : *Appel aux Suisses pour les engager à conserver les blocs erratiques*. De tels vœux, selon nous, ne sauraient être pris en trop sérieuse considération et nous pensons même que d'autres indices remarquables des changements et des révolutions dont notre globe a été le théâtre seraient très-utilement conservés et mis en évidence dans les lieux mêmes où leur présence atteste à la fois le prodigieux travail de la nature et les grandes découvertes de la science. De semblables monuments arrêteraient la pensée sur le magnifique mystère de la création, chaque jour dévoilé par le génie humain, qui nous apprend à connaître les bienfaisants desseins de l'intelligence créatrice.

Les traces du phénomène erratique, très-apparentes sur les chaînes de l'Écosse, de la Corse et du Liban, sont surtout frappantes dans les vallées des Vosges et du Jura, dont les anciens glaciers avaient les dimensions des glaciers actuels de la Suisse. Les montagnes de l'Auvergne et des Cévennes paraissent n'avoir jamais renfermé de glaciers, peut-être à cause du peu d'élévation de la plus grande partie de ces deux chaînes et de leur situation méridionale. M. Ch. Martins fait aussi observer que le granit qui en provient, et qui fournit ailleurs les blocs erratiques les plus durables, se décompose très-facilement. En outre, les violentes éruptions des nombreux volcans de l'Auvergne ont pu détruire les traces de l'ancienne existence des glaciers.

Sur le versant nord des Pyrénées, les traces glaciaires se montrent partout et les blocs erratiques abondent. Le versant sud présente aussi les signes caractéristiques du même phénomène, qui paraît s'être arrêté en Espagne dans les montagnes de la Galicie. En Afrique, la chaine de l'Atlas n'offre aucun vestige du terrain erratique.

Un phénomène non moins important que celui des blocs erratiques a été observé dans les montagnes qui les avoisinent. La surface de ces montagnes, sur les escarpements, sur les angles et dans le fond des vallées, n'est pas seulement usée et polie, mais montre aussi des sillons et des stries, en général parallèles, qui ne peuvent provenir que du passage des blocs. On a longtemps attribué le transport de ces blocs à l'action d'énormes courants diluviens, qui les auraient entraînés avec la boue, le sable et le gravier dont ils étaient chargés. Mais, dans cette hypothèse, tous les blocs devraient présenter les traces d'un si violent transport, tandis que le plus souvent leur remarquable état de conservation prouve qu'ils n'ont subi d'autres dégradations que celles provenant des agents atmosphériques, et, par suite, qu'ils n'ont pu être transportés que par les glaciers ou par les glaces flottantes.

ANCIENS GLACIERS

L'étude très-complète dans laquelle M. Ch. Martins démontre l'ancienne extension des glaciers de la Suisse, fait

bien saisir l'évidence des traces nombreuses qui affir-
ment l'existence d'une période pendant laquelle une
grande partie de nos continents a été ensevelie sous la
glace. Nous regrettons de ne pouvoir suivre le savant naturaliste dont nous avons déjà reproduit les intéressantes
observations dans le curieux examen de l'ancien glacier
de l'Arve, en montrant avec lui les traces de toute nature
qui attestent son prodigieux développement pendant la
période glaciaire. Des traces analogues rendent non
moins évidente l'existence d'autres puissants glaciers qui
venaient déboucher dans celui de l'Arve. Au lieu de se
composer de blocs granitiques, la moraine de ces affluents
est souvent calcaire comme la montagne qui les domine,
et la supposition d'un courant diluvien ne peut expliquer
cette différence de composition minéralogique entre les
traînées de blocs déposées sur les rives d'un même torrent,
qui aurait dû les entasser pêle-mêle.

Après avoir franchi les monts Salèves, dont il contour-
nait les extrémités, le glacier de l'Arve est venu jeter ses
derniers blocs sur le mont de Sion, situé près de Genève,
ou point de partage des eaux qui se rendent dans le lac
Léman ou dans celui d'Annecy.

« Sur les deux versants du mont de Sion, dit M. Charles
Martins, le géologue trouve des blocs erratiques de nature
très-variée, et, en se rappelant les montagnes où ces roches forment des blocs considérables, il acquiert la conviction qu'il se trouve au point de rencontre de trois grands
glaciers antédiluviens : celui du Rhône, qui remplissait
tout le bassin du Léman; celui de l'Isère, qui, débouchant
par les lacs d'Annecy et du Bourget, s'étendait jusqu'à
Lyon ; et celui de l'Arve, qui, s'intercalant entre eux
comme un coin aigu, venait se terminer près du village de
Vers. L'humble mont de Sion était, comme le dit M. Ar-

Sion.

nold Guyot, à qui on doit cette belle découverte, le point où venaient converger ces puissants glaciers qui ont si profondément modifié la surface de la plaine comprise entre les Alpes et le Jura. Nous ne les suivrons pas tous dans leur parcours, car tous nous présenteraient des particularités analogues à celles du glacier de l'Arve. Traçons seulement à grands traits les limites de l'ancienne extension de ces glaciers.

« Le glacier du Rhône prenait naissance dans toutes les vallées latérales qui découpent les deux chaînes parallèles du Valais, et où se trouvent les montagnes les plus élevées de la Suisse, le mont Rose, le mont Cervin, la Jungfrau, le Velan, etc. Ce glacier remplissait le Valais et s'étendait dans la plaine comprise entre les Alpes et le Jura, depuis le fort de l'Écluse, près de la perte du Rhône, jusque dans les environs d'Aarau. C'était le glacier principal de la Suisse ; c'est lui qui a charrié les blocs innombrables qui couvrent le Jura jusqu'à la hauteur de 1,040 mètres au-dessus du niveau de la mer. Les autres glaciers n'étaient que de faibles affluents des glaciers du Rhône, incapables de les faire dévier de sa direction. Ainsi lorsque le glacier de l'Arve le rencontre sur la crête des Salèves ou sur les flancs des Voirons, on reconnait, à la disposition des moraines, que le glacier du Rhône continue sa marche, tandis que celui de l'Arve s'arrête brusquement. De même un fleuve rapide refoule le faible ruisseau qui lui apporte le tribut de son onde.

« Les autres glaciers secondaires occupaient les principales vallées de la Suisse. Tels étaient les glaciers de l'Aar, dont les dernières moraines couronnent les collines des environs de Berne ; celui de la Reuss, qui a couvert les bords du lac des Quatre-Cantons de blocs arrachés aux cimes du Saint-Gothard. Celui de la Linth s'arrêtait à l'extrémité du lac de Zurich, et la ville est bâtie sur sa moraine terminale. Enfin, celui du Rhin, moins étudié que les autres, occupait tout le bassin du lac de Constance, et s'étendait jusque sur les parties limitrophes de l'Allemagne [1]. »

GLACIER D'ARGELÈS.

MM. Ch. Martins et Ed. Collomb ont récemment exploré dans les Pyrénées les traces de l'ancien glacier de la vallée d'Argelès, qui se trouve réduit aujourd'hui à de petites dimensions dans une partie du cirque de Gavarnie, tandis qu'autrefois il s'étendait jusqu'aux environs de la ville de Lourdes, distante de 53 kilomètres du point d'origine. Ce glacier, y compris ses affluents et ses névés supérieurs, couvrait une surface de 140,000 hectares. Les deux naturalistes ont reconnu toutes les moraines laissées successivement pendant son retrait, ainsi que les nombreuses raies burinées sur les roches résistantes. Les boues produites par le frottement continu de l'énorme masse et expulsées par les eaux de fonte ont formé une couche de matière désignée sous le nom de *lœss* qui couvre au loin la plaine au delà du périmètre de l'ancien glacier. Sous les alluvions de cette région, on a trouvé une faune ayant le caractère de celle des pays froids. Pendant que les grands glaciers couvraient les montagnes, l'éléphant velu, l'hippopotame, le rhinocéros, le renne paissaient dans les prairies marécageuses. On rencontrait aussi l'ours des cavernes, le bison, le bœuf musqué, le cerf d'Islande, la chouette de Laponie. L'homme doit être ajouté à cette liste, car ses ossements fossiles et les restes de son industrie ont été

[1] *Du Spitzberg au Sahara.* (Librairie Baillière, Paris, 1866.)

trouvés dans les gisements dont il est question ; mais notre race n'était arrivée qu'à la première période de ce qu'on nomme l'*âge de pierre*.

FORMATION DU RELIEF DES ALPES

Nous avons déjà dit que, sur le versant méridional de la chaine des Alpes, les anciens glaciers descendaient aussi dans les plaines de la haute Italie et y avaient laissé, comme sur les versants du nord, les plus évidentes traces de leur passage. Les mêmes empreintes produites sur les roches par le mouvement des glaciers, se retrouvant dans la plupart des contrées montagneuses du globe, il devient évident que les vallées de ces contrées ont été fouillées et creusées par un agent dont l'incomparable puissance était en rapport avec le prodigieux travail de la nature aux époques où elle construisait notre demeure terrestre. Il suffit de comparer les dimensions des glaciers actuels, généralement réduits à des longueurs de 15 à 50 kilomètres et à des épaisseurs de 100 et 200 mètres, aux dimensions des anciens glaciers qui avaient souvent jusqu'à 240 kilomètres de long sur 800 et 1000 mètres de profondeur, pour se faire une idée de la force érosive en rapport avec un tel développement. M. Tyndall écrivait à ce sujet au *Saturday-Review*[1] :

« Nous avons dit, pendant l'été de 1863, que les Alpes ont été formées, selon leur relief actuel, par l'action de la glace. Le plus grand nombre de ceux qui ont visité ces montagnes accueilleront cette assertion avec un sourire d'incrédulité. Ainsi, de l'endroit où nous nous trouvons en

[1] *Notes from the Alps.*

ce moment, jusqu'au fond de la vallée, il y a une différence de 3,000 pieds au moins. La vallée elle-même est
couverte d'arbres et de verdure. Des villages construits
entièrement en bois sont répandus à sa surface, et les
vaches, sur les coteaux verdoyants, font tinter leurs
joyeuses clochettes. Cependant il n'y a pas un pied carré
de cette terre fertile qui n'ait été enseveli autrefois sous la
glace. Regardez ces rochers : leurs arêtes ne sont point
aiguës et recouvertes d'aspérités comme celles des
sommets supérieurs, mais au contraire extraordinairement lisses. Toutes ces aspérités ont été usées. Par quoi?
Par un immense glacier qui comblait autrefois la vallée,
tenait en sa possession le bassin occupé par le lac de
Genève, roulait dans les plaines de la Suisse ses vagues
congelées, et ne s'arrêtait que devant la barrière lointaine
des montagnes du Jura. Au fond de cette même vallée le
glacier marchait, lentement il est vrai, mais avec une
irrésistible énergie. Tel est le rabot à modeler qui a
arrondi les rochers ; tel est le soc de la charrue qui
a creusé des sillons si profonds sur les flancs des montagnes, et dont le passage a laissé en arrière ces longs
bancs de moraines. Ce puissant outil n'a pu agir pendant
la période de temps incalculable de l'âge de glace, sans
avoir profondément altéré la structure de la protubérance
contre laquelle il s'exerçait. Si une pareille protubérance
avait été, à l'origine, parfaitement uniforme et composée
de matériaux d'égale résistance, nul doute que l'eau, par
son effet dissolvant, la glace par son action mécanique,
n'en eussent poli régulièrement la surface. Mais il n'y
a rien d'uniforme dans la nature. »

Nous empruntons encore au même auteur la belle description suivante du Grimsel : « Le 5 août au matin, le
soleil se leva majestueusement sur les montagnes, inon-

Le mont Blanc vu du Jura.

dant la terre et le ciel de sa glorieuse lumière. Ce Grimsel est d'une imposante nature, c'est un monument sculpté
de hiéroglyphes plus anciens et plus grandioses que ceux
de Ninive et du Nil. C'est un monde exhumé par le soleil
d'un sépulcre de glace. Tout ce qui l'environne prouve
l'existence certaine et la puissance du glacier, qui autrefois était maître de la place. Tout à l'entour les rochers
sont travaillés, arrondis, polis et striés. Çà et là, des fragments de quartz anguleux soudés dans la glace entamè-
rent les rochers et les rayèrent comme des pointes de diamants. Les stries varient de largeur et de profondeur selon
que le fragment qui les creusa était plus ou moins gros.
Des masses plus considérables, captives aussi dans la
glace, creusèrent des dépressions longitudinales dans les
rochers sur lesquels elles passèrent : ailleurs le polissage
doit avoir été exécuté par la glace elle-même. L'eau tombant goutte à goutte use la pierre ; à plus forte raison
une surface de glace, soumise à une énorme pression, polit
les aspérités des rochers sur lesquels, pendant des siècles,
elle a été forcée de frotter. Les roches ainsi usées sont
excessivement polies et si glissantes, qu'il est impossible
de s'y tenir debout, pour peu que l'inclinaison soit forte.
— Quel monde étrange ce devait être, lorsque ces vallées
étaient ainsi comblées! Il nous est possible de reconsti-
tuer en imagination l'état primitif des choses à cette époque, et alors nous ensevelissons plus d'un colosse qui dans
ce moment élève vers le ciel sa tête altière. La Suisse ne
devait pas être aussi majestueuse qu'elle l'est de notre
temps. Précipitez les glaces dans ces vallées jusqu'à ce
qu'elles soient remplies, et vous réduisez à néant ces con-
trastes de hauteurs et de profondeurs desquels dépend la
grandeur des scènes alpestres. Au lieu de cimes s'élan-
çant dans le ciel et de gorges profondes, nous n'aurions

plus qu'une mer de glace tachetée de quelques tristes îlots formés par les plus hautes sommités [1]. »

Les Andes, l'Himalaya, les montagnes centrales de l'Afrique et de la Nouvelle-Zélande, ont aujourd'hui encore, comme les Alpes, des glaciers dont le terrain erratique prouve l'ancienne extension, et, répétons-le, entre les pôles et la zone moyenne des deux hémisphères, il n'est pas un pays qui ne reproduise les mêmes traces, attestant l'existence d'une période glaciaire antérieure à la période volcanique, et venant ainsi préparer nos terrains cultivables.

GLACIER ARCTIQUE

La généralité de ce grand phénomène est surtout visible quand on considère l'immense surface envahie par le glacier du pôle boréal, qui s'étendait dans la Russie orientale, en Scandinavie, dans les îles Britanniques et dans l'Amérique du Nord, atteignant la Finlande, l'Angleterre et la latitude de New-York. Cet envahissement a laissé des traces de toute nature retrouvées par les naturalistes, non-seulement sur les chaînes anciennement recouvertes par le glacier polaire, mais encore dans les terrains soulevés, à la surface desquels gisent les blocs erratiques transportés par les glaces flottantes sur les mers dont ils formaient le lit. « Depuis longtemps, dit à ce sujet M. Ch. Martins[2], on avait signalé comme des curiosités naturelles les nombreux blocs épars dans les plaines sablonneuses de l'Allemagne septentrionale et de la Russie d'Europe. On

[1] *Dans les montagnes.*
[2] *Les glaciers et la période glaciaire; Revue des Deux-Mondes.* Janvier 1867.

ignorait d'où provenaient ces blocs, on ne comprenait pas comment ils avaient pu être transportés ; ces masses imposantes avaient frappé l'imagination superstitieuse des peuples, et jouaient un grand rôle dans les cérémonies mystérieuses du culte druidique. Le bloc le plus méridional de l'Allemagne, par 51°16′ de latitude, signale la place où Gustave-Adolphe tomba victorieux sur le champ de bataille de Lützen. »

Bloc erratique.

Nous devons rappeler ici l'important mémoire présenté à l'Institut par M. Durocher[1], dans lequel ce savant géologue attribue le phénomène erratique des contrées septentrionales de l'Europe et de l'Amérique à un immense déluge, causé par une énorme masse d'eau dirigée des régions polaires vers le sud. Dans son remarquable rapport sur ce mémoire, M. Élie de Beaumont disait : « L'état parfait de conservation des blocs erratiques est une preuve incontestable de la présence d'énormes glaçons dans le torrent qui traversa notre hémisphère. En effet,

[1] *Comptes rendus.* Janvier 1842, p. 108.

dans l'origine, on avait de la peine à comprendre comment il était possible qu'après avoir parcouru des distances égales quelquefois à plusieurs centaines de lieues, ces blocs eussent conservé la vivacité de leurs arêtes. Leur poids énorme ne permettait pas de supposer qu'ils aient pu rester suspendus dans la masse fluide, et par conséquent ils auraient dû être émoussés et arrondis par le frottement sur la surface des rochers. »

Si les géologues ne sont pas d'accord sur la cause de ce dernier cataclysme, tous du moins ont été frappés par l'immense quantité de débris qui s'étendent sur nos continents, et qui attestent la grandeur du phénomène, attribué d'abord aux révolutions qui ont soulevé les grandes chaînes de montagnes, aux dislocations du sol que ces soulèvements entraînent, et qui, par la rupture des barrages et l'affaissement des rives, auraient produit, lors de l'apparition des Alpes principales ou de la chaîne des Andes, la prodigieuse irruption des eaux à laquelle doit être rapportée l'accumulation des matières alluviales, blocs, cailloux roulés, sables et graviers, connus sous le nom de *diluvium du Nord*. Il paraît d'ailleurs infiniment probable que de tels mouvements, dus à l'action d'une cause unique et instantanée, ont aussi produit les déluges partiels dont nous trouvons la tradition chez tous les peuples, et qui aujourd'hui encore menacent de vastes régions, telles que la grande vallée du bas Canada ou les fertiles versants de la mer Caspienne, placés au-dessous d'immenses réservoirs d'eau.

Convaincus de la merveilleuse puissance d'une action lente et continue, telle qu'elle se produit encore sous nos yeux, et partisans de la théorie des glaciers, nous croyons cependant qu'il importe de ne pas chercher dans un seul principe la cause unique de tous les phénomènes géologiques, et nous partageons l'opinion, selon nous très-judicieuse, exprimée dans le passage suivant : « Une erreur qui égare beaucoup de bons esprits, c'est qu'ils veulent absolument trouver une cause unique pour un grand nombre de faits différents. Selon eux, une théorie est absurde si elle n'explique pas tout. Ils veulent une hypothèse qui donne la solution complète de tous les phénomènes. Telle loi naturelle, qui expliquerait parfaitement les blocs erratiques ou le diluvium, sera rejetée si elle ne donne aucune raison de la rupture des couches ou de la formation des montagnes, et réciproquement. Il n'y a pas de raisons pour penser que tous les faits obscurs doivent avoir la même origine, et je crois que l'on arriverait plus sûrement à la vérité en cherchant une explication particulière à chaque phénomène [1]. » C'est à de Saussure, Léopold de Buch et A. de Humboldt qu'on doit la théorie des soulèvements, développée scientifiquement par M. Élie de Beaumont, dont les persévérants travaux nous ont valu la connaissance de l'âge relatif des montagnes par l'étude des couches relevées et des couches en place, une des plus belles découvertes de la géologie. Nous avons indiqué déjà [2] les récents développements donnés par ce savant illustre à la théorie du parallélisme des chaines contemporaines, théorie que vient aujourd'hui compléter la découverte d'un réseau pentagonal tracé par l'ensemble des chaines successivement apparues. Le pentagone est la figure suivant laquelle doit se fendre la surface figée d'un globe fondu diminuant de volume par le refroidissement, pour que le travail des forces produisant la rupture soit le plus petit possible. Le refroidissement séculaire de no-

---

[1] *Révolutions de la mer;* par J. Adhémar. 2ᵉ édition. Paris, 1860.
[2] *Volcans et tremblements de terre.*

tre planète aurait donc été la cause des déformations de la croûte terrestre et de son unité de structure. De telles vues, quand même des observations plus nombreuses dans les parties du globe encore inexplorées conduiraient à les modifier, n'en apportent pas moins dans la science des faits d'une haute importance qui stimulent à de nouvelles recherches et amènent de nouveaux progrès. Elles nous apprennent d'ailleurs à considérer avec Herschel les révolutions géologiques « plutôt comme les effets nécessaires et réguliers de causes générales que comme le résultat de convulsions et de catastrophes qu'aucune loi ne règle, et qui ne peuvent être rapportées à aucun principe fixe. »

CLIMAT DE LA PÉRIODE GLACIAIRE

Les plus récentes découvertes relatives à la période glaciaire prouvent en même temps que cette période eut une énorme durée et qu'elle traversa diverses alternatives de température. Des observations nombreuses ont permis de reconnaitre dans les anciens glaciers plusieurs phases successives d'extension et de retrait, correspondant probablement à autant de phases de soulèvements et d'affaissements partiels. Ces oscillations ne produisaient pas seulement des changements dans l'élévation des massifs montagneux où les glaciers prennent naissance ; elles amenaient aussi des variations considérables dans la distribution géographique des mers et dans la direction des grands courants océaniques, variations qui sont dans un évident rapport avec celles de la température.

Ainsi, par exemple, le grand désert de Sahara a été formé par le soulèvement récent du lit d'une mer qui s'é-

Lit d'un ancien glacier.

tendait du golfe de Gabès jusqu'au nord de la Sénégambie.
A cette époque le *sirocco*, auquel on donne en Suisse le
nom de *fœhn*, et qui apporte en Europe une partie de l'ar-
dente chaleur des sables du désert, passait sur la vaste
étendue de cette ancienne mer, dont la température était
beaucoup plus basse. Il ne pouvait donc, comme aujour-
d'hui, fondre, presque à vue d'œil, la neige des sommets
et limiter les empiétements des glaciers.

La rapide fusion provoquée par ce vent est attestée par
ce dicton des pasteurs des Alpes : Le bon Dieu et le soleil
doré ne peuvent rien contre la neige, si le fœhn ne leur
vint en aide. « Dès le mois de mars, dit le naturaliste
Ramond, le fœhn qui vient de la région méridionale,
fait irruption dans les vallées des Alpes ; il émaille les prés
de violettes et donne à celui qui le respire le sentiment
du printemps. Alors les avalanches se succèdent sans interruption, les torrents s'élancent de tous les glaciers, et
les rivières subitement enflées submergent leurs rivages. »
La température de ce vent est souvent augmentée dans
les vallées par la compression de l'air, qui résulte de sa
descente des hautes régions, comme le montre la théorie
mécanique de la chaleur [1].

Le plus considérable des grands courants océaniques,
le *gulf-stream*, qui a son origine dans le golfe du Mexique,
et dont les tièdes eaux viennent modérer le froid des hivers dans les contrées occidentales de l'Europe, et détacher du rivage les puissants glaciers qui se forment dans
les vallées du Spitzberg, n'a probablement pas toujours
suivi la même direction, dépendant aussi évidemment des
accidents qui ont pu modifier sur son passage le relief de

---

[1] Nous avons inséré une étude sur le *fœhn* dans l'*Annuaire scientifique* (P.-P. Dehérain) de 1869.

la croûte terrestre. Il est facile de comprendre le rôle qu'a dû jouer un tel changement dans la distribution de la chaleur à la surface du globe, si on se rappelle la description suivante :

« A sa sortie du golfe du Mexique, le gulf-stream n'a pas moins de 3,000 pieds de profondeur et 60 milles de large ; sa vitesse, dans les détroits de la Floride, est de 4 milles à l'heure. Il suit ensuite les côtes d'Amérique en s'élevant au nord, et répand alors ses eaux sur la mer comme un manteau de chaleur, couvrant une immense étendue et abritant des myriades de créatures, qui pendant l'hiver et jusque sur nos côtes d'Europe y trouvent une abondante nourriture. Si la chaleur transportée par ce prodigieux courant pouvait être utilisée, elle serait suffisante pour maintenir en constante activité un fourneau cyclopéen, capable de donner un courant de fer fondu d'un volume égal à celui du plus grand fleuve. C'est à cette chaleur bienfaisante que l'Irlande doit la verdure qui lui a fait donner le nom d'*émeraude des mers*, et que nos côtes occidentales doivent aussi les pâturages qui, en plein hiver, quand tout est couvert de glace aux latitudes correspondantes de l'Amérique, offrent au berger une nourriture pour son troupeau[1]. »

Un géologue anglais, M. W. Hopkins, a prouvé que des phénomènes analogues à ceux de la période glaciaire se reproduiraient dans l'Europe occidentale, si le gulf-stream était détourné de son cours actuel. Durant cette période, le continent de l'Amérique du Nord, dont l'émersion est relativement récente, n'existait pas encore, et le gulf-stream se dirigeait sur l'emplacement de la vallée actuelle du Mississipi.

[1] *Géographie physique*, à l'usage de la jeunesse et des gens du monde; par M. F. Maury. Librairie Hetzel.

D'un autre côté, M. Constant Prévost a remarqué qu'un tremblement de terre qui produirait la rupture de l'isthme de Panama, et qui, par suite, modifierait la direction de ce puissant courant, amènerait de grands changements dans le climat de l'Europe. D'après le même savant, « il suffit qu'une grande partie de l'Europe ait été sous les eaux à la fin de l'époque tertiaire (ce qui est prouvé par l'observation) pour que cette contrée se soit trouvée dans des conditions d'humidité et de température favorables à l'établissement et à l'extension des glaciers[1]. »

M. Constant Prévost ajoute que si la rupture de l'isthme coïncidait aujourd'hui avec une semblable submersion, les glaciers de nos montagnes s'avanceraient promptement dans les plaines.

Dans son bel ouvrage sur le mont Blanc[2], M. Alphonse Favre donne de remarquables développements à une explication proposée par M. de la Rive. L'éminent physicien s'est fondé sur ce que les terrains qui sortirent de l'eau, à l'époque du dernier soulèvement, étaient imprégnés d'humidité, toujours accompagnée d'un abaissement de température, surtout dans les pays de montagnes. Les terrains pénétrés d'eau devaient produire une évaporation énorme, et le développement des glaciers de Chamounix dans les années humides est une preuve qu'on peut citer à l'appui de cette explication. La végétation, s'établissant sur la terre avec une grande puissance, aurait absorbé en partie l'humidité et fait rentrer peu à peu les glaciers dans les limites que nous leur connaissons. M. Favre ne considère pas ces causes comme suffisantes à elles seules ; il y ajoute l'élévation des Alpes qui étaient plus étendues

[1] *Comptes rendus de l'Académie des sciences*, t. XXXII.
[2] *Recherches géologiques dans les parties de la Savoie voisines du mont Blanc*, avec un Atlas de trente-deux planches. — V. Masson.

au commencement de l'époque quaternaire. Son livre renferme une démonstration de ce fait, que toutes les montagnes du globe ont été une fois plus hautes que de nos jours. « Les Alpes, dit-il, étaient plus élevées de tous le débris qui en ont été détachés, depuis le moment où, en se soulevant, elles ont redressé la molasse. Elles se sont abaissées de la masse immense de matériaux qui s'est répandue dans les plaines voisines, sous forme de blocs erratiques, de cailloux, de sable, de glace, etc. ; de tout ce qui a été entraîné dans les plaines éloignées du Rhin, du nord de l'Italie et du sud de la France, jusque dans les environs de Montpellier, et encore de tout ce qui a été enfoui dans la mer. Les sommités des Alpes dépassaient donc la limite des neiges éternelles plus qu'elles ne le font maintenant, et l'étendue horizontale de ces montagnes, au-dessus de cette ligne était également plus grande, ce qui était une cause puissante de l'agrandissement des glaciers. La marche de ceux-ci était facilitée par les pentes plus rapides des montagnes et par l'étroitesse des vallées. Notre climat était par conséquent plus froid. »

Des considérations analogues, tendant à ramener l'explication des phénomènes glaciaires à la doctrine des causes actuelles, ont été présentées par un naturaliste illustre, sir Charles Lyell, dans ses *Principes de géologie*[1]. Ces considérations expliquent les alternances des climats rigoureux et doux et la conservation des espèces dans les zones les plus tempérées durant la période glaciaire. M. Charles Martins a d'ailleurs très-bien montré que l'immense développement des anciens glaciers ne supposait pas les froids extrêmes qu'on est tout d'abord porté à imaginer. Il est en effet évident, d'après ce que nous avons

---

[1] Traduits, sous les auspices de M. Arago, par Mme Tullia Meulien. Paris, 1845.

dit sur la transformation de la neige en glace par des fu-
sions et des congélations répétées, que ce phénomène ne
saurait avoir lieu avec un climat d'une rigueur extrême.
D'autre part, un calcul très-simple sur la limite des neiges perpétuelles du mont Blanc prouve que cette limite a
dû descendre de 750 mètres pour un abaissement de 4 degrés seulement dans la température moyenne de Genève.
Si on accorde que les glaciers de Chamounix avaient alors
une étendue au moins égale à leur étendue actuelle, on
verra que leur pied devait être au niveau de la plaine
suisse. Et, comme ces glaciers, ayant pour bassin d'alimentation de très-vastes cirques, devaient aussi, par cela
seul, descendre beaucoup plus bas, on comprend leur
ancienne extension jusqu'aux environs de Genève, extension qui a d'ailleurs été l'œuvre d'une longue suite de
siècles. Ainsi les grands phénomènes de l'époque glaciaire
s'expliqueraient par une simple diminution de 4 degrés
dans la température moyenne annuelle des contrées où
l'on découvre leurs traces. Nous avons indiqué quelques-
unes des causes multiples qui ont pu produire ces variations de climat ; il nous reste à résumer les belles et intéressantes études de M. Tyndall, qui tendent à prouver
que la période glaciaire a eu pour première cause, non le
froid, mais la chaleur.

Nous avons dit comment les glaciers sont alimentés par
la neige accumulée dans les cirques des hautes régions.
Cette neige, tombée de l'atmosphère, provient de la condensation de la vapeur d'eau qui s'est produite sous l'influence des rayons solaires, et l'abondance de cette vapeur
est aussi essentielle que le froid pour la rapide formation
des glaciers. « Pour se produire, dit très-bien M. Tyndall, la
neige a besoin de sa matière première, et cette matière première, la vapeur aqueuse de l'air, est le produit direct de la

chaleur. — Il est parfaitement manifeste qu'en affaiblissant l'action du soleil, soit par une diminution d'émission, soit en faisant traverser au système solaire tout entier un espace de basse température, nous détruirions les glaciers dans leur source. De vastes masses de montagnes de glace nécessitent infailliblement des masses adéquates de vapeur atmosphérique, et, de la part du soleil, une action énergique dans la même proportion. Quand, en possession d'un appareil distillatoire, vous voudrez augmenter la quantité de liquide distillé, vous n'essayerez assurément pas d'obtenir cette augmentation en enlevant le feu de dessous votre chaudière; or, si je comprends bien la chose, c'est ce qui a été fait par les physiciens qui ont voulu produire les anciens glaciers par la diminution de la chaleur du soleil. Il est tout à fait évident que la chose la plus indispensable pour produire les glaciers est un *condenseur perfectionné;* nous n'avons pas un iota à perdre de l'action solaire; si nous avons besoin de quelque chose, c'est de plus de vapeur, et surtout d'un condenseur assez puissant pour que cette vapeur, au lieu de tomber en averses liquides sur la terre, soit assez abaissée dans sa température pour descendre en neige[1]. »

M. Tyndall ajoute à ces considérations une observation importante sur les causes qui, avec l'abaissement des cimes, ont pu contribuer au retrait ou à la disparition des anciens glaciers. La vitesse de descente de ces masses énormes étant en rapport avec leurs dimensions, et leur passage ayant donné lieu à des pressions verticales qui s'élevaient jusqu'à 500 tonnes par mètre carré, on comprend leur irrésistible action sur le sol et même sur les roches les plus dures. En s'ouvrant ainsi une voie vers la

---

[1] *La chaleur considérée comme un mode du mouvement.*

plaine, en creusant les vallées profondes où la température ne permet plus à l'eau de conserver sa forme solide, et qui envoient, comme d'immenses cheminées d'appel, de grands courants d'air chaud vers les hauteurs, en exerçant leurs forces, les géants de la période glaciaire préparaient leur disparition. « Le glacier se meut et travaille. A la façon des corps vivants, il meurt parce qu'il se meut. Et lorsqu'il disparait, il a contribué selon ses forces à ouvrir des voies nouvelles aux migrations des espèces, et à préparer un sol sur lequel puisse éclore la vie morale avec toutes ses complications et ses beautés. Aussi n'est-il pas un cœur vraiment religieux qui ne se sente pris d'amour pour les grandes énergies de la nature, au milieu du calme des nuits d'été de la Suisse, tandis que dans le glacier disparu il évoque l'un de ces puissants ouvriers dont la main patiente et forte a ciselé la figure de la terre[1]. »

[1] *Sur le mouvement des glaciers et le climat de la période glaciaire*, par M. Félix Foucou. *Revue de Paris*, septembre 1864. Une traduction des *Glaciers des Alpes* de J. Tyndall, par le même auteur, est sous presse.

IV

GLACIERS DES ALPES

GLACIERS DES ALPES

Après avoir succinctement fait connaitre les principales lois qui président à la formation et au mouvement des glaciers, nous avons maintenant à les décrire. Les limites qui nous sont tracées dans ce résumé, et la parfaite res-semblance des phénomènes sur tous les points du globe où des glaces s'accumulent, nous engagent à ne pas sortir des Alpes et à choisir nos descriptions dans les relations des voyageurs et des savants qui ont exploré cette grande chaîne, et qui ont contemplé l'imposante beauté des ma-gnifiques paysages qu'elle offre à notre admiration.

Ce qui frappe d'abord en approchant de la région des glaciers, c'est l'éclatant aspect de ces énormes masses, de ces montagnes d'argent parsemées de taches verdâtres indiquant les fentes étroites et profondes qui divisent le glacier. De près, ces crevasses, dont l'intérieur montre un mur de glace transparente, changent de couleur suivant le jeu de la lumière, et prennent successivement une teinte pourpre, bleu céleste ou du plus beau violet. Par delà les glaces, dont les vastes ondes surmontées de crêtes brillantes comme le cristal s'élèvent jusqu'aux cimes et semblent suspendues au-dessus des vallées, l'œil découvre la file des noirs rochers et des pics aigus d'où s'écroulent les blocs qui s'entassent sur les rives et au centre des glaciers. Rien ne saurait rendre la beauté de ces vastes amphithéâtres quand ils étalent au soleil leur transparente surface, dont l'éclatante blancheur est coupée par les grandes ombres d'un bleu d'azur qui descendent des sommets. Souvent les pentes qui bordent la partie inférieure des glaciers sont couvertes de forêts d'un vert sombre, qui contrastent avec la blancheur des glaces, au pied desquelles s'étendent de riches pâturages, des vergers et des champs cultivés.

Dans leur état actuel, les Alpes présentent deux mers de glace principales et voisines, l'une au nord-est, et l'autre au sud-ouest. La première renferme les monts qui s'enchaînent depuis le Saint-Gothard et le Grimsel jusqu'au Schreckhorn; la seconde, les formidables cimes comprises entre le Saint-Bernard et le mont Blanc. De ces deux mers partent une multitude de rameaux qui se croisent et se confondent, suivant les pentes, comme des torrents congelés, comblent les profondeurs, envahissent les vallées et arrivent dans les plaines jusqu'au milieu des moissons.

Suivant les lieux et les circonstances, les glaciers présentent de grandes variétés de formes et d'aspects. Vers les cimes, dans les régions où ils peuvent librement s'étendre, leur apparence est celle d'une mer calme, ondulée par la houle. Dans les détroits resserrés, dans les vallons étroits, cette mer devient un véritable torrent, dont les flots se pressent et se précipitent. Parfois des bandes de glace détachées de rochers à pic restent debout sous la forme d'aiguilles transparentes. De grands amas se courbent en voûte au bord des précipices, et quand cette saillie s'est détachée, on voit se dresser, à une effrayante hauteur, une éclatante muraille de glace vive. Tout, dans ces régions étranges, rappelle l'idée du mouvement, et cependant le silence y règne, interrompu seulement par la chute des rochers et des avalanches ou par le grondement des orages.

Pendant l'hiver, un blanc linceul s'étend sur ces déserts glacés et y efface tout vestige de vie. Les neiges envahissent l'immense chaîne des Alpes, interceptent les communications, s'entassent, à l'abri des tempêtes, dans les gorges et les précipices, dans le creux des vallons, dans les cirques, et y préparent aux glaciers de nouvelles sources d'alimentation.

Dès les premiers jours du printemps, un souffle tiède dégage les pentes inférieures de l'épais manteau sous l'abri duquel se conserve la fraîche verdure des vallées alpestres. Les pâturages reparaissent, les sapins secouent leurs branches chargées de givre, et le soleil rend son activité à l'écoulement des eaux qui proviennent de la fonte des neiges, ramenées aux limites que l'été leur trace. Ces eaux, absorbées par les grandes crevasses qui coupent en tout sens la glace, s'écoulent dans les canaux inférieurs qu'elles contribuent à creuser, alimentent les sources et se versent dans les belles plaines qu'elles fertilisent par les grottes qui s'ouvrent au pied des glaciers sous l'influence de la chaleur.

MARCHE SUR LES GLACIERS

Si la beauté lumineuse et l'aspect pittoresque des glaciers attirent de nombreux voyageurs, qui bravent pour les contempler les fatigues d'une route souvent périlleuse, c'est aux savants surtout que l'on doit les descriptions les plus complètes et les plus intéressantes, non-seulement des phénomènes que ces lieux extraordinaires offrent à l'étude et à la curiosité, mais encore des spectacles variés qu'ils présentent dans chaque saison, à chaque heure différente du jour ou de la nuit.

Les pacifiques conquêtes de la science, qui exigent toujours la persévérante volonté sans laquelle nulle découverte n'est probable, demandent aussi la ferme résolution. l'énergie patiente qui mettent au service de nos semblables la plus noble des vertus dont l'homme puisse se glorifier, la vertu du dévouement. Un de nos plus vaillants glacialistes, M. Dollfus Ausset, a réuni dans un excellent recueil [1] les principales relations des hardis explorateurs auxquels nous devons la connaissance des glaciers. C'est à ces relations que nous emprunterons quelques-unes des descriptions suivantes, choisies pour donner en même temps à nos lecteurs une idée plus complète de ces fantastiques déserts et des périls que doivent affronter ceux qui veulent les parcourir pour en étudier les merveilles.

[1] *Matériaux pour l'étude des glaciers;* par Dollfus-Ausset. Strasbourg, 1864. — T. IV, Ascensions.

Le mont Blanc.

LES CREVASSES. — PONTS DE NEIGE. — NÉVÉS

Nous indiquerons par de simples titres la date des explorations et le nom des explorateurs.

Ascension au mont Blanc, par H.-B. de Saussure. —
Août 1787 :

« ..... Nous entrâmes sur le glacier de la Côte, vis-à-vis des blocs de granit à l'abri desquels nous avions dormi ; l'entrée en est très-facile, mais bientôt après l'on s'engage dans un labyrinthe de rochers de glace séparés par de larges crevasses, ici, entièrement ouvertes, là, comblées en tout ou en partie par des neiges, qui souvent forment des espèces d'arches, évidées par-dessous, et qui cependant sont quelquefois les seules ressources que l'on ait pour traverser ces crevasses ; ailleurs c'est une arête tranchante de glace qui sert pour les traverser. Dans quelques endroits, où les crevasses sont absolument vides, on est réduit à descendre jusqu'au fond, et à remonter ensuite le mur opposé par des escaliers taillés avec la hache dans la glace vive. Mais nulle part on n'atteint ni on ne voit même le roc ; le fond est toujours neige ou glace, et il y a des moments où, après être descendu dans ces abîmes, et entouré de murs de glace presque verticaux, on ne peut pas se figurer par où l'on en sortira. Cependant, tant qu'on marche sur la glace vive, quelque étroites que soient les arêtes, quelque rapides que soient les fentes, ces guides intrépides, dont la tête et le pied sont également fermes, ne paraissent ni effrayés ni inquiets ; ils causent, rient, se défient les uns les autres; mais quand il faut passer sur ces voûtes minces, suspendues au-dessus des abimes, on les voit marcher dans le plus profond silence; les trois premiers, liés ensemble par des cordes à 5 ou 6 pieds de distance l'un de l'autre, les autres se tenant deux à deux par leurs bâtons, les yeux fixés sur leurs pieds, chacun s'efforçant de poser exactement et légèrement le pied dans le trou de celui qui le précède. Ce fut surtout quand nous eûmes vu la place où, la veille, un de nos guides s'était enfoncé, que ce genre de crainte augmenta. La neige avait manqué tout à coup sous ses pas, en formant autour de lui un vide de 6 à 7 pieds de diamètre, et avait découvert un abîme dont on n'apercevait ni le fond ni les bords; et cela dans un endroit où aucun signe extérieur n'indiquait la moindre apparence de danger. Aussi, lorsque, après avoir franchi quelqu'une de ces neiges suspectes, la caravane se retrouvait sur un rocher de glace vive, l'expression de la joie et de la sérénité éclaircissait toutes les physionomies: le babil et les jactances recommençaient: puis on tenait conseil sur la route qu'il fallait suivre, et, rassuré par le succès, on s'exposait avec plus de confiance à de nouveaux dangers. Nous mîmes ainsi près de trois heures à traverser ce redoutable glacier, quoiqu'il ait à peine un quart de lieue de largeur. Dès lors nous ne marchions plus que sur des neiges, souvent très-difficiles par la rapidité de leurs pentes, et quelquefois dangereuses lorsque ces pentes aboutissent à des précipices, mais où du moins l'on ne craint d'autre danger que celui que l'on voit, et où l'on ne risque pas d'être englouti sans que la force ni l'adresse puissent être d'aucun secours.

« ..... Après une heure de marche, nous vînmes côtoyer une immense crevasse. Quoiqu'elle eût plus de 100 pieds de largeur, on n'en voyait le fond nulle part.

« Dans un moment où nous nous reposions tous debout sur son bord, en admirant sa profondeur et en observant les couches de ses neiges, mon domestique, par je ne sais quelle distraction, laissa échapper le pied de mon baromètre, qu'il tenait à la main ; ce pied glissa avec la rapidité d'une flèche sur la paroi inclinée de la crevasse, et alla se planter à une grande profondeur dans la paroi opposée, où il demeura fixé, en oscillant comme la lance d'Achille sur la rive du Scamandre. J'eus un mouvement de chagrin très-vif, parce que ce pied servait non-seulement au baromètre, mais à une boussole, à une lunette et à divers instruments qui se fixaient au-dessus. Mais, au moment même, quelques-uns de mes guides, sensibles à ma peine, m'offrirent d'aller le reprendre ; et, comme la crainte de les exposer m'empêchait d'y consentir, ils me protestèrent qu'ils ne courraient aucun risque. Aussitôt l'un d'eux se passa une corde sous les bras, et les autres le calèrent ainsi jusqu'au pied du baromètre, qu'il arracha et rapporta en triomphe. J'eus une double inquiétude pendant cette opération : premièrement celle du danger du guide suspendu ; ensuite, comme nous étions en vue et en face de Chamounix, d'où avec la lunette on pouvait suivre tous nos mouvements, je pensai que, si dans ce moment on avait les yeux sur nous, on croirait, à ne pas en douter, que c'était un de nous qui était tombé dans la crevasse et que nous allions le reprendre. J'ai su depuis qu'heureusement, dans ce moment-là, on ne nous regardait pas.

« Nous fûmes obligés de traverser cette même crevasse sur un pont de neige rapide et dangereux ; après quoi, par une pente de neige encore très-rapide, nous abordâmes à l'un des derniers rochers de la chaîne isolée, où je couchai le surlendemain en revenant de la cime, et que

par cette raison je nommai le *Rocher de l'heureux retour* [1]. »

ASCENSION AUX PICS DU MONTE-ROSA

Par MM. Zumstein [2], *Vincent et Molinatti —*
Juillet 1820.

« … Zumstein représente le névé du Monte-Rosa comme
un des sites les plus extraordinaires et les plus grandioses
qu'on puisse trouver dans les Alpes. C'est un cirque ovale,
dont il estime la longueur totale à *cinq heures* de l'est à
l'ouest, et à *deux heures* du nord au sud. Dans cet espace
immense on ne voit que neige et que glace ; au bord
même, le roc est une exception. Sur le contour se dres-
sent en demi-cercle, comme autant de colosses, les cinq
plus hautes cimes du groupe et le Lyskamm, un large
créneau par lequel s'échappe le grand glacier du Monte-
Rosa ; dans la direction de l'ouest, l'œil est arrêté par la
magnifique pyramide du Cervin. Plus de bruit, plus de vie
dans cette solitude glacée ; pas le moindre de ces débris
végétaux que le vent balaye souvent jusque sur les glaciers ;
pas même de la neige rougie. De temps en temps une corneille des rochers tournoyait effarée et redescendait pré-
cipitamment.

« Ce désert avait quelque chose de sinistre, d'autant
plus que le ciel commençait à se couvrir et les nuages à
monter le long des cimes. Les gens de la bande rebrous-
sèrent chemin pour aller au-devant de M. Molinatti, et

---

[1] *Voyages dans les Alpes*, par H. B. de Saussure.
[2] M. Delapierre, inspecteur des forêts, savant glaciériste, plus connu
sous son nom germanique de Zumstein.

Zumstein resta seul. Pendant deux heures il chercha à
droite et à gauche dans ce chaos un endroit convenable
pour dresser une tente et passer la nuit. Il n'en découvrit
pas un ; pas le moindre pan de rochers qui pût servir
d'abri contre un orage imprévu, rien qu'une surface nue
et moutonnée. Pourtant, à force de promener ses regards
en tous sens, il finit par apercevoir vers l'extrémité du
cirque, là où il commençait à s'incliner vers le nord, un
pli, une dépression. Il s'y rendit en toute hâte. Bonheur

Monte-Rosa.

inespéré ! c'était un abri bien singulier, bien effrayant, il
est vrai ; mais enfin c'était plus et mieux que rien, et la
position était telle, qu'il eût été inutile de se montrer difficile. Ledit abri était tout simplement une immense crevasse, d'une vingtaine de pieds de profondeur, dont le fond
paraissait garni d'une neige solide que le vent y avait en-
tassée. Elle s'étendait du sud au nord, et comme elle avait
une quinzaine de pieds de largeur, l'espace suffisait à ceux
qu'elle devait renfermer. Content et ranimé par sa décou-

verte, Zumstein revint sur ses pas pour montrer à ses
compagnons la route.

« Il était six heures du soir ; la nuit approchait, et les
porteurs chargés des provisions, du bois, de la tente, etc.
ne paraissaient point encore. Le thermomètre qui, pendant toute la journée, s'était tenu à 8 degrés au-dessus
de zéro, était descendu à 7 degrés au-dessous. Cette
énorme différence, de 15 degrés en quelques heures, agit
d'autant plus énergiquement sur Zumstein, quelque ro-
buste qu'il fût d'ailleurs, qu'ayant beaucoup souffert de la
chaleur dans une première expédition, il avait eu l'impru-
dence de s'habiller légèrement. Il fut sur le point de dé-
faillir, et, perdant courage, il allait s'endormir du sommeil polaire, quand le doyen de la troupe, le vieux chasseur Joseph Beck, qui s'en aperçut, le saisit et se mit à le
frictionner, ou plutôt à le racler si vigoureusement, qu'il
le remit sur pied. Le froid devenait toujours plus intense,
et l'angoisse allait aussi en augmentant. Qu'on se représente ces hommes à 13,000 pieds (4,223 mètres) d'alti-
tude, par 8 degrés de froid et avec la perspective d'en
avoir plus encore, sans secours, sans feu, sans vivres, en
plein air, sur la glace, exposés à toute la violence des
tourmentes qui éclatent si souvent à une pareille hauteur.
« Celui-là, dit Zumstein, qui connaît les hautes régions des
« glaciers peut se faire une idée des dangers qui nous
« menaçaient. » La position devenait intenable, tous réso-
lurent de retourner en arrière et d'affronter les horreurs
d'une descente dans les ténèbres, quand, à leur immense
soulagement, les porteurs parurent enfin et leur rendirent
l'espérance.

« Ils abordèrent la crevasse du côté du nord, où une
pente de 25 degrés les conduisit jusqu'au bord de la paroi.
Là, le vieux Beck, s'armant d'une hache, tailla dans la glace

Glaciers du Monte-Rosa.

n escalier de quarante marches, par lequel il descendit
u fond du gouffre, qu'il sonda en tous sens pour s'assurer
e sa solidité. Tous s'y dévalèrent ensuite, et se trouvèrent
ientôt réunis dans les entrailles du glacier. Qu'y avait-il
u-dessous d'eux? Nul ne pouvait le dire. La neige les por-
erait-elle toute la nuit? Ils n'en savaient rien. Un orage
'élèverait-il avec le jour? Ils pouvaient le craindre, et,
lans ce cas, tous auraient succombé, ensevelis sous la
ieige ou dans les profondeurs de l'abîme. Pour le mo-
nent, ils ne songèrent qu'à se réconforter au plus vite ;
es moins transis dressèrent la tente ; du feu fut allumé ;
ine soupe chaude ne tarda pas à être servie et à combattre
ictorieusement les effets de la gelée. Ce bivouac d'un
iouveau genre était certainement le plus élevé qui se fût
tabli en Europe; il devait former un tableau étrange,
iien fait pour exciter la verve d'un artiste.

« S'en remettant aux soins de la Providence, nos hom-
nes, au nombre de onze, s'enveloppèrent de couvertures,
e couchèrent sur le flanc, en se serrant bien les uns con-
re les autres, et dormirent d'un bon somme jusqu'au main, sans avoir souffert du froid, excepté le premier et le
lernier de la file. Au milieu de la nuit, Zumstein fut ré-
veillé par des palpitations qui le suffoquaient; il sortit
pour se remettre et ne tarda pas à se trouver mieux. Vers
rois heures, un des guides s'étant levé pour allumer du
eu et préparer le déjeuner, fut assailli en ouvrant la
lente par un coup de vent si fort et un tel nuage de neige
poudreuse, qu'il se hâta de rentrer et de se blottir entre
ses camarades.

« Le vent s'étant calmé vers six heures et le froid un
peu radouci, chacun fut bientôt sur pied et salua avec
transport les premiers rayons du soleil qui pénétraient
dans le gouffre. Ils révélèrent aux yeux un spectacle ex-

traordinaire et inattendu. L'extrémité sud-est de la crevasse était formée par une voûte de la glace la plus pure
et du plus bel azur, où mille cristaux étincelaient comme
des diamants aux feux du jour. A la voûte, dans l'intérieur de la caverne, étaient suspendus des blocs de glace
en cubes, en cylindres, en pyramides, qui menaçaient de
s'écrouler et dont les débris jonchaient déjà ce qu'on doit
appeler le sol de cet antre. Le reflet de la lumière sur les
surfaces azurées donnait aux visages une teinte livide,
effrayante à voir, qui ajoutait encore à l'étrangeté de la
scène. La paroi orientale descendait verticalement à une
profondeur insondable, toute rayée de bandes de différentes nuances, de 3 à 4 pouces de large, et dirigées du nord
au sud. Ces bandes, qui indiquaient les couches de neige
successivement entassées, pouvaient se compter jusqu'à
une centaine avant de se perdre dans l'obscurité de l'a-
bîme. Un frisson glacial qui parcourait leurs corps em-
pêcha les spectateurs de rester dans cette caverne aussi
longtemps qu'ils l'auraient voulu. Ils allèrent cependant
aussi loin que le permettait la prudence, et pénétrèrent
jusqu'à deux cents pas de l'entrée. D'après l'élévation de
la voûte au-dessus de leurs têtes, Zumstein évalua à une
centaine de pieds l'épaisseur de la couche supérieure de
glace, au point le plus bas où ils parvinrent. [1] »

PASSAGE DU SCHWARZ-THOR

Par M. John Ball. — Août 1845.

Les pages suivantes sont empruntées à une relation du
savant président de l'*Alpine-club*, une des plus utiles in-

---

[1] Extrait de la *Bibliothèque universelle de Genève;* t. XII, 1861;
signé A. BRIGUET.

stitutions, à tous les points de vue, qui aient été fondées pour favoriser à la fois le zèle des naturalistes, la curiosité des voyageurs et leur courageux esprit d'entreprise. Nous regrettons vivement que le manque d'espace nous oblige à ne traduire qu'un extrait du beau récit de M. John Ball :

« ... Quelle jouissance est comparable à celle d'une excursion matinale sur les grands glaciers des Alpes, dans le profond silence de la nature, au milieu des plus sublimes spectacles? Un air vivifiant remplit chaque muscle de vigueur et d'élasticité, l'œil est reposé, la peau fraiche, et tout l'être tressaille de plaisir à la pensée des aventures que le jour qui se lève amènera. C'est dans cette disposition que je m'avançais, un peu en avant de mon guide Mathias, dans la grande ombre que les cimes étendaient sur la vaste surface du glacier de Gorner, lorsqu'un incident se produisit, dont je crains de ne pouvoir donner au lecteur qu'une idée imparfaite, malgré le vivant souvenir de l'impression charmante que j'en ressentis. Nous approchions de la moraine du glacier; l'air était calme, le silence régnait ; les mille petits ruisseaux qui, la veille, sillonnaient la glace, sous l'influence de la chaleur, se taisaient maintenant, et de fantastiques découpures marquaient la trace de leur passage sur la surface poreuse du glacier.

« Tout à coup je crus entendre, comme s'il venait d'une prodigieuse distance, le son faible et doux d'instruments de musique. Je m'arrêtai, et écoutant attentivement, je ne pus mettre la chose en doute. Je demandai à Mathias ce qu'il en pensait, mais il n'avait aucune idée de la cause probable de ces sons. Je me souvins alors que des voyageurs passant la nuit aux Grands-Mulets avaient entendu le son des cloches de Cormayeur, et j'imaginai qu'on célébrait quelque fête dans une des vallées italiennes du

Monte-Rosa, direction d'où les sons paraissaient venir.
Nous continuâmes notre marche, le bruit continuant et devenant rapidement plus fort à mesure que nous approchions d'une étroite et profonde crevasse où le mystère
nous fut expliqué.

« Bien au-dessous de nous, dans l'intérieur du glacier,
un ruisseau tombait en cascade, d'une corniche de glace à
l'autre, et la crevasse qui se trouvait sous nos pieds nous
transmettait, comme un tuyau d'orgue, les vibrations so-
nores produites par le courant dans la masse élastique
de la glace. Deux conclusions intéressantes suivirent cette
curieuse observation dans le laboratoire du glacier. Il
nous était d'abord démontré que le mouvement de l'eau
à l'intérieur n'était pas arrêté par la nuit, et, par suite,
qu'une forte gelée ne s'étend probablement pas beaucoup
au-dessous de la surface ; en second lieu, que des fissures
parallèles à la surface du glacier n'existent pas seulement
à son extrémité inférieure, où on les trouve toujours dans
la voûte des cavernes d'où les eaux s'écoulent, mais que
probablement elles se produisent aussi dans toutes les directions, sur l'étendue entière du glacier.

« J'avais souvent soupçonné que l'eau filtrée au travers
des glaces pendant la saison chaude trouvait çà et là un
canal d'écoulement à peu près horizontal dans l'intérieur
du glacier ; mais, pendant le jour, le bruit des eaux courantes s'élève alors de partout, et il serait impossible à
l'oreille de suivre la trace d'un ruisseau isolé. Maintenant,
au contraire, au milieu du silence, je pouvais distinctement m'assurer que le ruisseau qui coulait au-dessous de
nous arrivait par une pente légèrement inclinée jusqu'à
la crevasse, d'où il tombait dans l'intérieur du glacier.

« Nous avançâmes rapidement, et nous eûmes bientôt
traversé le grand glacier, nous tenant un peu à droite du

Glacier de Schwärze.

Schwärzeberg. La partie inférieure du glacier de Schwärze
fut aisément franchie, mais nous atteignîmes ensuite la
neige fraîche, qui était tombée en grande quantité peu de
jours auparavant. Je préparai alors la corde pour un service immédiat, la passant et l'assujettissant autour du
corps de chacun de nous. Nos difficultés commencèrent à
l'intersection des deux systèmes de grandes crevasses. Le
premier pont de neige céda sous mes pas, et je m'enfon-
çai jusqu'à la ceinture ; mais, à l'aide de mon bâton étendu
à la surface, je n'eus pas de peine à regrimper en arrière.
C'était la première fois qu'un tel accident m'arrivait, et,
comme je désirais garder Mathias en belle humeur, je pa-
rus n'y attacher nulle importance. Mais le digne homme
n'en fut pas moins fort troublé, et commença à me sup-
plier d'abandonner une entreprise pleine de périls. Je lui
expliquai brièvement que la corde suffisait à notre sécurité, et il consentit à me suivre sur un nouveau pont, plus
solide, que nous eûmes bientôt à traverser.

« Nous avions alors devant nous et sur notre gauche
les grandes falaises de glace que, de loin, j'avais vues se
dresser, et qui ne présentaient aucune trace d'issue. A
notre droite s'ouvrait le labyrinthe de larges crevasses à
travers lequel je me déterminai à chercher un passage, en
suivant le pied des falaises. Mais ce mur de glace, qui s'é-
levait au sud, avait abrité du soleil l'épais manteau de
neige dont étaient couvertes les crêtes glacées, entre les
crevasses, et il n'était ni aisé ni sûr de se lancer d'une
crête à l'autre sur cette neige durcie. Malgré le temps que
nous y devions mettre, je résolus de les essayer systéma-
tiquement, l'une après l'autre, afin de ne perdre aucune
chance de succès. Quelques ponts de neige nous supportèrent, d'autres s'écroulèrent comme le premier ; à la fin,
je crus avoir trouvé passage ; mais quelques coups de mon

bâton sur le pont qui traversait une large crevasse, l'envoyèrent en pièces dans les profondeurs azurées de l'abîme béant, et je dus me rejeter en arrière. Après de nouvelles et vaines tentatives sur d'autres points, Mathias, jugeant cette partie du glacier impraticable, s'écria avec un accent de triomphe « Je vous avais bien dit qu'il faudrait retourner. » Mais il fut singulièrement déconcerté quand il vit que, pour dernier effort, j'allais essayer d'escalader le mur de glace qui nous opposait sa face presque verticale; offrant cependant en certains endroits une pente dont j'évaluai l'inclinaison à près de 60 degrés. La neige, qui partout ailleurs était un obstacle, pouvait nous être là très-utile. Elle nous donnait un ferme point d'appui pour tenter de nous élever sur la glace qu'elle couvrait, et que, sans cette circonstance, je n'aurais pu songer à attaquer. Je me mis donc en route, prenant la tête et traçant la voie avec une extrême précaution.

La scène était extraordinaire; jamais je n'avais vu la glace brisée en masses aussi imposantes. Quelquefois, après avoir laborieusement atteint, presque en rampant, le sommet d'une pente de plus de 100 pieds de haut, nous devions descendre dans un creux profond, d'où nous n'apercevions plus que le ciel et les menaçantes aiguilles de glace qui se dressaient de toutes parts. Plus d'une fois, je fus obligé de passer précisément au-dessous des corniches de neige frangées de longs glaçons qui surmontaient chaque pente. Nous avancions alors doucement et silencieusement entre ces glaçons et le mur de glace, veillant avec soin à ne pas les toucher, le moindre choc pouvant amener la chute de la fragile voûte suspendue sur nos têtes. Les deux esquisses ci-jointes (pages 131 et 135) montrent, mieux que toute description, la position dans laquelle nous nous trouvions. La dernière représente la partie la plus

Glacier de Schwärze.

difficile de notre ascension, dont le but était de nous conduire vers des champs de névé moins inclinés et plus pra-
ticables. Nous étions sur la rampe extérieure d'une puissante masse, suspendue à une grande hauteur au-dessus
du glacier. J'avais grimpé jusqu'au sommet, espérant
pouvoir descendre sur la pente opposée, mais là je ren-
contrai une muraille de glace presque verticale, d'une
hauteur de 60 à 80 pieds, et je dus nécessairement faire
volte-face. Je jugeai alors, en examinant la pente, que si
nous pouvions la traverser plus bas, nous serions à même
de continuer notre route. L'inclinaison était au moins de
60°, et, quand Mathias vit que je me préparais à tenter ce
périlleux passage, il recommença à protester, plus haut
que jamais, avec la contenance d'un homme qui marche
à une fin certaine. Je dus prendre alors le ton du commandement, lui disant qu'en suivant exactement mon in-
dication, il n'avait rien à craindre, mais que la moindre
désobéissance lui serait certainement fatale. Et comme, en
réalité, je ne voulais rien risquer follement, je pris des
précautions inusitées. Désirant donner à mon compagnon
le plus de sécurité possible, j'avançais lentement, laissant
dans la neige de bonnes traces pour chaque pied aussi
loin que la corde me le permettait, et, arrivé au bout, je
m'affermissais solidement sur la pente, au moyen de mon
long bâton. Je tirais alors graduellement la corde à moi,
et en même temps que Mathias approchait, me tenant
prêt à le retenir si malheureusement il venait à glisser. Je
craignais surtout de le voir céder au vertige s'il portait
ses regards vers les crevasses béantes du glacier qui s'é-
tendaient loin au-dessous de nous, et je lui ordonnai d'a-
voir constamment les yeux fixés sur les traces où il devait
poser le pied. Après avoir répété trois ou quatre fois la
même manœuvre, nous arrivâmes, près du sommet, sur

une pointe moins roide, à 20 ou 30 pieds du plateau si longtemps désiré [1]. »

PASSAGE DE LA STRAHLECK

*Par MM. Agassiz, Desor, Pourtalès et Coulon. —
Août 1840.*

« Après avoir séjourné une semaine sous une roche sur la moraine médiane du glacier de l'Aar, hôtel des Neuchâtelois, nous songeâmes à réaliser notre projet de prédilection, qui était de tenter le passage de la Strahleck, en traversant la mer de glace qui sépare le glacier du Finster-Aar de celui de Grindelwald.

. . . .

. . . .

. . . .

« De notre cabane au pied de la Strahleck, qui forme le point de partage entre les deux glaciers, il y a trois heures de marche ordinaire. L'inclinaison du glacier sur toute cette étendue n'est pas très-considérable, ce qui fait que l'on y chemine très-vite et très-commodément. Les crevasses étaient pour la plupart recouvertes d'un toit de neige durcie par la gelée, et ne présentaient par conséquent aucun danger. On les reconnaissait à plusieurs pas de distance, à leur teinte plus mate que celle du glacier, de façon que ceux qui auraient craint d'y poser le pied auraient pu les sauter ou les contourner à loisir. A mesure que nous approchions de l'arête, les crevasses devenaient toujours plus béantes ; nous en vîmes même qui avaient

[1] *Peaks, Passes and glaciers.*

3 à 4 mètres de large ; mais, comme elles étaient recouvertes de neige, ainsi que les précédentes, et que cette neige faisait corps avec les parois de glace, nous les franchîmes avec la même assurance. Quelques-unes nous offrirent même des crevasses secondaires, c'est-à-dire que la masse de neige durcie qui les remplissait s'était fendue depuis son tassement, preuve manifeste que ce remplissage, quoique moins compacte que la masse du glacier, devait cependant être doué d'une rigidité considérable pour avoir pu se crevasser de la sorte. Au pied même de la Strahleck, le glacier présente un aspect tout particulier. C'est du névé pur ; aussi n'aperçoit-on, dans toute la largeur de la vallée, aucune trace de moraine, mais seulement çà et là quelques blocs isolés qui pénètrent à la surface par un de leurs angles. En examinant attentivement leur position, nous les trouvâmes entourés de parois de glace compacte, mais cette glace ne touchait pas le bloc ; elle en était séparée par un espace d'environ 3 centimètres. Au premier abord, la présence de cette glace vive au milieu du névé nous étonna, mais il nous suffit d'un instant de réflexion pour nous en rendre compte. L'on comprend, en effet, que le rocher, en sa qualité de meilleur conducteur de la chaleur, communique au névé, dans lequel il est enseveli, une partie de la chaleur qu'il emprunte aux rayons du soleil. Le névé se fond par conséquent plus vite en cet endroit qu'ailleurs, et occasionne un vide autour du bloc ; en même temps la masse devient de plus en plus compacte par l'effet de l'eau qui, en suintant le long de ces parois, s'infiltre dans la glace, s'y congèle, et transforme ainsi le névé en glace.

« Une autre particularité des névés dans ces hautes régions, c'est que, au lieu d'être arrondis en dos d'âne et de s'incliner sur leurs bords, comme cela a lieu dans la partie inférieure des glaciers, ils présentent au contraire une surface unie et souvent même légèrement enfoncée au milieu. Cette forme est une conséquence de la nature incohérente du névé, qui reflète en quelque sorte à la surface la forme du fond de la vallée. Dans les régions inférieures, là où le glacier acquiert plus de compacité, la surface est bien moins influencée par le fond de la vallée, et, au lieu d'être déprimée au milieu, elle présente, au contraire, une inclinaison plus ou moins forte vers les bords. Les glaciers du Spitzberg ont, d'après M. Ch. Martins, la même apparence que les névés des Alpes ; aussi le névé prédomine-t-il dans leur masse.

« Ce jour-là, le névé du Finster-Aar présentait un aspect extraordinaire. Il était recouvert d'une croûte ou plutôt d'un réseau d'aiguilles ramifiées et entrelacées de mille manières, comme du plomb fondu qu'on laisse tomber dans l'eau. Nous attribuâmes cette incrustation bizarre à l'effet de la pluie qui était tombée en très-grande abondance quelques jours auparavant, et dont les gouttelettes, en pénétrant dans la croûte superficielle de la neige, l'avaient rongée dans tous les sens. Cette croûte rameuse, qui avait environ 5 centimètres d'épaisseur, craquait et s'affaissait sous nos pas, sans rendre pour cela notre marche bien difficile. Elle disparut peu à peu, à mesure que nous nous élevions vers la Strahleck, ce qui nous fit supposer que les pluies auxquelles nous attribuions ces effets avaient dû tomber plus haut sous forme de neige. Lorsque nous fûmes arrivés au pied de l'arête, nous cherchâmes à en reconnaître l'endroit le plus accessible : « C'est donc là ce passage si redouté, devant lequel tant de voyageurs ont reculé ! » me dit Agassiz. Nous nous l'étions en effet figuré plus élevé. Mais d'un autre côté nous savions par expérience qu'il ne faut pas se fier aux

apparences, et que rien n'est trompeur comme les distances et les hauteurs dans les Alpes.

« Nous nous rangeâmes à la file pour la montée : Jacob
et Währen marchaient en tête, sondant le névé pour s'assurer s'il ne cachait pas quelque crevasse. Peu à peu, la
pente devint très-roide et la neige tellement fine, qu'on y
enfonçait jusqu'au-dessus des genoux. Craignant alors
qu'il n'y eût quelque mauvaise chance à courir, nos guides
jugèrent convenable de nous attacher les uns aux autres,
au moyen d'une grande corde que nous avions emportée
dans ce but. Chacun se la passa autour du corps : le guide
Gaspard le premier, puis Agassiz, puis moi, puis MM. Coulon et Pourtalès, et enfin deux autres guides. Jacob et
Währen seuls ne s'y étaient pas attachés, afin de pouvoir
reconnaître avec plus de liberté le chemin que nous devions prendre. Il faisait beau voir avec quelle assurance ces deux intelligents et robustes montagnards nous
frayaient la route, tantôt foulant la neige pour nous empêcher de trop enfoncer, tantôt taillant à coups de hache des
marches dans le névé durci, et nous encourageant du geste
et de la voix à ne pas changer de pied, à rester toujours à
égale distance l'un de l'autre, à ne pas regarder en arrière,
vu que la pente était telle qu'elle pourrait donner des ver-
tiges, même à ceux qui y seraient le moins sujets. Agassiz, qui la mesura environ à mi-côte, lui trouva près de
40 degrés. Il est difficile de cheminer en droite ligne par
une inclinaison pareille ; aussi ne faisions-nous que ser-
penter à droite et à gauche. Malgré ces détours, nous ne
mîmes pas plus d'une heure pour atteindre le sommet du
col depuis le pied de la paroi. En jetant d'ici un coup d'œil
sur le chemin que nous venions de faire, nous fûmes
presque effrayés de la roideur de cette pente, qui nous
avait paru si peu de chose d'en bas. Jacob nous annonça

alors que jamais, à sa connaissance, cette montée n'avait été faite aussi facilement et en aussi peu de temps. La grande quantité de neige qui était tombée quelques semaines auparavant nous avait extraordinairement favorisés, en nous permettant de franchir, sans aucune peine, une foule de passages qui sont d'une difficulté extrême lorsque les neiges sont moins hautes.

« Le sommet du passage est un petit plateau très-uni et tout couvert de neige, sans aucune crevasse à sa surface. Nous commençâmes par y établir nos instruments, que nous observâmes de cinq en cinq minutes.

« ... Les premières observations faites, nous fûmes nous asseoir sur le rocher, où nous nous livrâmes tout entiers au plaisir de contempler le tableau magique qu'offrait cet assemblage de cimes gigantesques, de vallées profondes, de parois à pic, de glaciers bouleversés, de névés unis et d'immenses champs de neige, reflétant de mille manières les rayons du soleil. Jamais la Suisse ne nous avait paru aussi belle, et ce fut avec transport que nous bûmes à sa prospérité le premier verre de vin que Jacob vint nous offrir. C'est le propre des pics alpins de se présenter sous un aspect de plus en plus imposant, à mesure qu'on les aborde de plus près. Sous ce rapport, la Strahleck doit être comptée parmi les plus beaux points de vue des Alpes bernoises. L'Eiger est surtout d'un effet magique ; c'est comme le pylone de ce vaste temple où la nature se dévoile dans toute sa majesté aux regards de ceux qui aiment à l'adorer dans ses sanctuaires les plus élevés.

. . . .

« ... Vers les dix heures, nous nous mîmes en route pour Grindelwald. Comme la pente neigeuse que nous avions à traverser était assez escarpée en plusieurs en-

Glacier de Grundelwald.

droits, et que nos guides nous proposaient de nous y laisser glisser, nous fûmes assez prudents pour nous attacher
de nouveau ; et bien nous en prit, car à peine étions-nous
en marche que je sentis le sol manquer sous moi ; au
même instant, je vis Pourtalès s'enfoncer jusqu'à la poitrine... Nous étions sur une crevasse ! Mais nous eûmes à
peine le temps de songer au danger, entraînés que nous
étions par le mouvement de ceux qui nous précédaient.
Cette petite aventure, si prompte qu'elle fût, nous fournit
cependant l'occasion de confirmer une observation faite
par de Saussure dans une circonstance semblable : c'est
que la couche de neige qui masque les crevasses est plus
résistante qu'on ne le pense ordinairement. A moins qu'elle
ne soit très-mince, elle ne s'écroule pas ordinairement
sous le poids d'un homme. Il peut même se faire que les
jambes percent de part en part et que l'espace intermédiaire se maintienne en guise de selle, par l'effet de son
adhérence aux parois. C'est ce qui arriva à de Saussure
au glacier des Pèlerins.

« On comprend qu'au milieu de ces solitudes, qui ne
laissaient pas que d'être très-uniformes malgré leur grandeur imposante, les moindres objets devaient avoir de l'intérêt pour nous. Il ne nous en coûtait pas de faire de
grands détours ni de franchir les crevasses les plus péni-
bles, pour aller cueillir une petite plante rabougrie ou
pour examiner une pierre ou un lichen d'une apparence
particulière. C'est le privilége de la science de fournir à
chaque pas au naturaliste de nouveaux sujets de récréa-
tion et de méditation, alors même que les plus grandes
scènes de la nature finissent par perdre de leur intérêt.

« ... Arrivés au bas de la pente. nous aurions dû nous
diriger sur le Zœsenberg, à gauche, ou monter tout de
suite sur le Mettenberg ; mais nos guides, pour gagner du

temps, nous conseillèrent de longer la rive droite du glacier, qui leur semblait être le chemin le plus court. Ce
fut là que nous rencontrâmes les passages les plus difficiles de toute la route. Les crevasses devinrent tout à coup
si nombreuses, que nous fûmes obligés de passer sur le
bord en escaladant les parois verticales du rivage ; mais à
peine eûmes-nous cheminé quelques instants sur le rocher,
que d'énormes précipices s'ouvrirent devant nous ; il fallut
alors regagner le glacier et chercher entre les masses de
glace bouleversées et crevassées quelque passage pénible.
Une fois nous fûmes sur le point de rebrousser chemin ;
mais l'idée que nous n'avions plus que quelques pas à
faire pour gagner le chemin de Grindelwald nous donna
du courage, et, à force de chercher, Jacob trouva enfin
une cheminée, par laquelle nous descendîmes du rocher
sur le glacier. Aucun de nous ne trébucha pendant ces
allées et venues difficiles, qui nous fournirent plus d'une
fois l'occasion d'admirer l'incroyable adresse de nos guides et la souplesse extraordinaire de leurs membres.

« Un peu plus loin, nous assistâmes à l'un des plus
beaux spectacles dont on puisse jouir dans les glaciers.
Une masse énorme de glace se détacha d'un couloir latéral du glacier de l'Eiger et se précipita avec un fracas
épouvantable sur le glacier de Grindelwald. Comme elle
tombait d'une très-grande hauteur, la chute dura plusieurs minutes, pendant lesquelles nous vîmes la coulée de
glace faire des bonds extraordinaires et atteindre enfin la
surface du glacier, qu'elle recouvrit d'une grande tache
blanche qui de loin avait l'apparence de la neige fraîche.
Il peut arriver ainsi que les moraines soient passagèrement enfouies sous la glace ; mais cette glace ne tarde
pas à fondre et les débris de roches arrivent toujours de
nouveau à la surface.

« C'est tout près d'un petit lac périodique que se termine la partie à peu près plane du glacier, que l'on est
convenu d'appeler *la Mer de glace de Grindelwald*. Plus
bas, le glacier n'est plus praticable. Les bergers y ont
transporté de grosses planches, qu'ils jettent en guise de
pont sur les grandes crevasses ; mais comme les crevasses,
de même que les autres accidents de la surface des glaciers, sont soumises à des variations continuelles pendant
le cours de l'été, les anciennes se fermant, tandis que de
nouvelles se forment à côté, il arrive souvent que ces
planches sont englouties par le glacier ou bien gisent à
côté des crevasses. C'est l'endroit critique pour les touristes, et il n'y a que les plus téméraires qui osent franchir
ces ponts sans parapet.

« Une exclamation spontanée de joie s'échappa de notre
petite troupe, lorsque, au contour d'une saillie de rochers, nous aperçûmes tout à coup devant nous l'église et
le village de Grindelwald. Jamais vallée ne nous avait
paru plus belle. Nous sentions nos prunelles, jusqu'ici
contractées par le reflet étincelant des glaces et des neiges qui nous entouraient de toutes parts, se dilater avec
volupté sur le vert gazon arrosé par les eaux de la Lut-
schine. Certes, je conseille à ceux qui se croient blasés sur
les beautés de nos vallées alpines, d'aller passer quelque
temps au milieu des glaciers, et je leur promets qu'à leur
retour ils sauront les apprécier.

« Dans la partie inférieure, le glacier de Grindelwald
est plus bouleversé qu'aucun autre glacier de l'Oberland,
et, sous ce rapport, il contraste singulièrement avec le glacier de l'Aar. Les aiguilles y sont développées sur une immense échelle, et, dans ce labyrinthe de crevasses et de
déchirures, on ne distingue plus qu'imparfaitement la direction des moraines. Les flancs du Mettenberg sont ar-

rondis et sillonnés de rigoles tortueuses jusqu'à une grande hauteur, et partout l'on reconnait les traces d'une plus grande extension des glaces. C'est ce qu'attestent surtout les grands blocs erratiques de gneiss qu'on rencontre à chaque pas sur le chemin, et qui ne peuvent venir que des régions supérieures du glacier, attendu que le Mettenberg est entièrement calcaire[1]. »

ASCENSION AU SCHRECKHORN

Par MM. E. Desor, Escher de la Linth et Girard.
Août 1842.

« Parmi les voyageurs qui parcourent les Alpes, il en est beaucoup qui, lorsqu'ils se trouvent en face de nos grands pics, s'étonnent qu'ils ne soient pas plus élevés. Ils s'attendaient à voir des cimes bien plus élancées, et ont de la peine à se faire à l'idée que telle pyramide ou telle coupole, qu'on dit avoir 3,000 et 4,000 mètres d'élévation, est bien réellement dix fois plus haute que certaine falaise qu'ils ont gravi au bord de la mer, ou vingt et vingt-cinq fois plus que ces flèches de cathédrale gothiques qui semblent affronter les nues. Ce désappointement, tout le monde l'éprouve plus ou moins. La cause en est dans la forme massive de la plupart des montagnes, dans l'élévation du lieu d'où l'on observe, dans la non-verticalité des parois, et surtout dans l'absence complète de termes de comparaison. Cependant il y a dans les Alpes, en particulier dans les Alpes bernoises, plusieurs cimes

[1] *Nouvelles excursions dans les glaciers et les hautes régions des Alpes;* par E. Desor. Paris, 1845.

qui échappent à cette défaveur par leur forme plus élancée. De ce nombre sont surtout le Schreckhorn (4,015 mètres) et le Finsteraarhorn (4,275 mètres). Seuls ils semblent inspirer une sorte de frayeur lorsqu'on les contemple du haut du col qui sépare le Valais du bassin de l'Aar. — Le voyageur qui vient de remonter la Meyenwand s'arrête involontairement au bord du lac des Morts (2,150 mètres) lorsqu'il découvre le panorama inattendu qui se déroule ici devant lui ; il oublie les fatigues et les dangers réels ou imaginaires de la Meyenwand, et, au milieu de cette mer de montagnes, ses regards sont attirés d'une manière irrésistible vers les deux colosses, qui lui rappellent les sombres dieux de la mythologie allemande entourés de leurs géants. L'un, au front large et arrondi, au vaste manteau noir, occupe le centre : c'est le Finsteraarhorn ; l'autre, plus élancé, plus roide et plus indomptable, avec sa robe aux longs plis d'argent, se tient sur la droite : c'est le Schreckhorn (pic de la terreur).

« C'est au pied de ces colosses que nous allions depuis plusieurs années chercher un abri ; l'hôtel des Neuchâtelois (2,472 mètres) est situé en quelque sorte sur la limite entre leurs domaines, le glacier de l'Aar étant formé comme on le sait, de deux affluents, dont l'un descend des flancs du Finsteraarhorn et l'autre des flancs du Schreckhorn. Pendant le premier séjour que nous fîmes ici en 1840, nous n'eûmes pas même l'idée d'aborder ces redoutables arêtes. Le Finsteraarhorn n'avait été escaladé qu'une fois par nos deux guides Jacob Leuthold et J. Währen, en 1832 ; et ceux-ci nous faisaient un tableau effrayant des difficultés qu'ils avaient eu à surmonter. M. Hugi, qu'ils y avaient dû conduire, avait été obligé de rebrousser chemin à quelques cents pas du sommet. Quant au Schreckhorn, il passait pour inaccessible, et personne n'avait même jamais essayé d'en faire l'ascension. L'année suivante, nous commençâmes à nous familiariser davantage avec les difficultés et les dangers des courses dans les hautes montagnes, et après que nous eûmes effectué l'ascension à la Jungfrau (4,167 mètres), nous n'étions plus guère disposés à croire à l'inviolabilité d'une cime quelconque. L'ambition de planter le premier drapeau sur la cime du Schreckhorn, la seule des grandes cimes bernoises qui fut encore vierge, était trop naturelle pour que nous pussions y résister. C'était une fantaisie que nous nourrissions par devers nous sans l'énoncer positivement,

Le Schreckhorn.

et qui, malgré les représentations qu'on nous faisait de toutes parts sur les périls de ces ascensions, gagnait de plus en plus dans notre esprit. Les discussions qui s'étaient élevées sur la nature de la glace dans les hautes régions nécessitaient d'ailleurs de nouvelles observations ; et, lorsque nous partîmes pour la campagne de 1842, c'était avec la ferme intention de les faire au Schreckhorn.

« ... Nous avions décidé que nous monterions par le se-

cond des glaciers latéraux qu'on rencontre sur la droite
en allant à la Strahleck; car, dans cette direction, la pente
du rocher nous avait paru moins roide et le glacier moins
crevassé. L'incertitude du résultat augmentait notre im-
patience; nous remontâmes le glacier du Finster-Aar presque en courant, et, quoique partis de l'hôtel des Neuchâtelois après sept heures, nous dominions déjà le col de la
Strahleck (3,555 mètres) avant qu'il fût dix heures. Les
cimes rocheuses du Schreckhorn et des Lauter-Aarhorner
étaient blanchies par une légère couche de neige tombée
la veille, et qui ne laissait pas de nous donner quelque
inquiétude, car les habitués des montagnes savent que
rien n'est perfide comme la neige fraîche, qui cache souvent des précipices sous une apparence solide. Mais Jacob
nous rassura en nous disant que, pour peu que le soleil
continuât à reluire, toute cette neige disparaîtrait avant
que nous eussions atteint le sommet.

« Le glacier que nous remontions, d'abord très-incliné,
présente dans sa partie supérieure une surface assez unie,
comme tous les champs de neige supérieurs ; d'énormes
crevasses y étaient creusées, mais elles étaient en partie
masquées par la neige. C'est dans ces endroits qu'il faut
user de la plus grande prudence. Quand la crevasse était
trop large pour pouvoir être franchie en sautant, on étendait l'échelle en guise de pont sur les parois de glace; la
couche de neige, qui formait le toit du gouffre, n'avait
souvent que quelques centimètres d'épaisseur; mais il suffisait qu'elle masquât l'ouverture de la crevasse pour que
tout le monde passât par-dessus avec une parfaite assurance ; tandis que je doute fort que l'un ou l'autre de nous
s'y fût si facilement aventuré si la crevasse avait été béante.
C'est une sorte de vertige que l'on évite par ce moyen, car,
en réalité, une feuille de papier étendue sous l'échelle eût

été dans ce cas un soutien tout aussi efficace que la couche de neige.

« . . . . La neige qui recouvrait la glace n'avait pas assez d'épaisseur pour nous permettre de nous y tenir debout, en sorte que nos guides furent obligés de tailler des gradins sur la plus grande partie du trajet. La glace était excessivement dure et ne se détachait que difficilement en esquilles ; aussi ne mîmes-nous pas moins de deux heures pour atteindre le rocher de l'autre côté, après nous être reposés quelques instants autour d'une petite arête rocheuse qui surgit de la glace aux deux tiers de la traversée. C'est au delà de cette arête que l'inclinaison est le plus forte. Je ne me rappelle pas en avoir franchi de plus redoutable, si ce n'est au-dessus de la grande crevasse en montant à la Jungfrau. Quoique je fusse plus aguerri que l'année précédente, ce passage du Schreckhorn produisit cependant sur moi une plus forte impression que celui de la Jungfrau, sans doute parce que nous le traversions obliquement.

« Cette traversée, quoique très-pénible nous fournit matière à plusieurs observations intéressantes. Et d'abord, ce qui nous frappa vivement, ce fut de voir l'humidité extrême de la glace. Il était entre dix heures et midi ; le soleil n'était pas encore très-chaud, et cependant la quantité d'eau était telle, que les degrés se remplissaient presque immédiatement : l'eau jaillissait de tous les pores et même de dessous la glace, lorsqu'il y avait solution de continuité entre elle et le rocher, ce qui ne laissa pas de nous incommoder sérieusement ; et comme nous étions obligés de nous tenir à peu près immobiles dans cette eau glacée, je craignis un instant que nous n'en éprouvassions quelque grave inconvénient. La glace était, sur toute cette pente, non-seulement beaucoup plus dure que la glace de névé, mais aussi plus transparente, et l'on remarquait dans son intérieur de petites bulles d'air sphériques ou allongées comme dans la glace blanche du glacier proprement dit. Son épaisseur n'était pas considérable, et, ce qui mérite surtout d'être remarqué, elle n'était traversée par aucune crevasse, ce qui nous confirma dans l'idée que l'absence de crevasses est bien réellement un caractère des glaces inclinées des hautes régions (la dernière paroi de glace de la Jungfrau, au-dessus du col de Roththal, n'en montre non plus aucun vestige). Quand nous fûmes sur le rocher, nous crûmes un instant que toutes les difficultés étaient levées ; la pente était sans doute en certains endroits beaucoup plus forte, mais aussi quelle différence de poser le pied sur du granit ou sur de la glace ! Il s'agissait de savoir si nous monterions tout droit ou si nous aborderions au sommet par derrière ; mais, comme les parois de rocher qui s'élevaient devant nous ne présentaient aucun obstacle, nous continuâmes tout droit. Nous trouvâmes ici, à l'ombre d'une arête, en un endroit très-humide, quelques renoncules (*Ranunculus glacialis*) au teint pâle, dont la présence en ces lieux (5,900 mètres) nous intéressa vivement.

« . . . . . Nous atteignîmes le sommet à deux heures et demie de l'après-midi. C'est toujours un moment solennel que celui de l'arrivée, lorsque l'horizon tout entier apparaît soudain et qu'on jette le premier regard autour de soi sur ces pics et ces glaciers, qui se présentent en partie sous un aspect bien différent de celui qu'ils ont d'en bas. A cet égard, il en est des montagnes à peu près comme des sommités intellectuelles. Telle sommité qu'on s'est habitué à regarder comme très-éminente, parce qu'elle se trouve dans une position favorable, se rapetisse singulièrement quand on l'examine d'un point de vue élevé, tandis que telle autre, qu'on distinguait à peine, parce qu'elle n'était pas en mesure de se développer librement, prend tout à coup un caractère imposant qu'on ne lui connaissait pas.

« . . . . Nous passâmes une heure et demie au sommet. En présence d'une nature aussi grande, le temps s'enfuit avec une effrayante rapidité. Un soupir s'échappa involontairement de notre poitrine, lorsque Jacob vint nous annoncer qu'il fallait commencer la retraite. Il nous pressait vivement, et avec raison, prétendant que nous n'étions restés que trop longtemps.

« . . . . Arrivés à quatre heures et demie au col supérieur, nous y trouvâmes la glace aussi trempée qu'à l'endroit où nous l'avions traversée en montant. Une pierre que nous lançâmes de là sur la pente de glace glissa rapidement jusqu'au bas et, enlevant la neige sur son passage, elle laissa derrière elle un couloir qui se transforma presque instantanément en un ruisseau abondant. Cette abondance d'eau nous surprit d'autant plus que jusqu'ici l'on n'avait guère supposé que l'eau pût exister à l'état liquide à pareille hauteur. La plupart des observations faites antérieurement sur les hautes montagnes par des hommes de science indiquent une température au-dessous de zéro. Malgré cela, la plupart des observateurs avaient rencontré de la glace jusque sur les plus hautes sommités. On en était par conséquent à se demander quelle pouvait en être l'origine, puisque, pour former de la glace, il faut de l'eau, et que l'eau, dans son état normal, n'existe comme telle que par une température au-dessus de zéro. L'année dernière encore nous étions fort embarrassés pour expliquer ces glaces. Ne pouvant supposer des pluies à ces hauteurs, ce n'était qu'en hésitant que je les attribuais à la fonte résultant de l'action des rayons solaires. Une autre explication fort ingénieuse avait été proposée par Mgr Rendu, qui pensait que ces glaces des hautes régions sont le produit de la condensation des vapeurs. Maintenant que nous avons observé le thermomètre à + 3° centigrades au sommet du Schreckhorn (4,015 mètres), que nous avons vu de l'eau se former en abondance, sous l'influence de cette température, à plus de 5,900 mètres, il serait inutile de vouloir encore rechercher d'autres causes de la formation des glaces supérieures que celles qu'on assigne à toute glace de glacier. C'est de la neige qui se fond à la surface, sous l'influence de la chaleur solaire, et l'eau, en pénétrant dans les couches inférieures, les cimente et les transforme en glace, absolument comme dans les régions plus basses. La seule différence, c'est qu'il n'y a pas de névé au-dessus. A cet égard, les glaces des hautes sommités font sans doute une exception à la règle commune. Mais cette exception n'est pas seulement propre aux hautes cimes ; on en rencontre aussi des exemples dans des régions moins élevées, et M. Ch. Martins a décrit plusieurs glaciers sans névé de la chaîne du Faulhorn (2,683 mètres), dont il a suivi avec le plus grand soin toutes les modifications. Il n'en est pas moins digne de remarque que cette glace des hautes sommités, quoique formée dans des circonstances moins favorables à la transformation de la neige en glace, est cependant plus dure, plus transparente, et en quelque sorte plus parfaite que la glace de névé qui est au-dessous. Il est probable que c'est une conséquence de sa moindre épaisseur, qui permet à l'eau de la surface de se propager plus uniformément dans toute la couche ; la même raison l'empêche aussi sans doute de se crevasser, comme la glace du fond des vallées. Et puis il ne faut pas perdre de vue que, si ces hautes régions ont une température plus basse que les vallées, elles sont, d'un autre côté, plus exposées aux rayons du soleil et à l'action des vents chauds, en particulier du fœhn, qui souvent ne souffle que sur les sommités des Alpes.

« . . . . Quand nous fûmes arrivés à la hauteur du point où nous avions traversé la paroi de glace le matin, nous tirâmes à droite, et, franchissant une dernière tache de glaces, nous continuâmes à descendre sur la tranche de l'arête, sans rencontrer aucun obstacle. Nous arrivâmes ainsi à la tombée de la nuit sur le glacier. L'un des guides, que nous avions détaché un peu plus loin, pour aller reprendre l'échelle que nous avions laissée dans les champs de neige, regagna le glacier une demi-heure avant nous, et nous assura qu'il n'avait non plus rencontré aucune difficulté ; arrivé sur la dernière pente de neige, il s'était mis à cheval sur son échelle et avait glissé en bas. D'ici, il nous restait encore deux fortes lieues à faire pour atteindre l'hôtel des Neuchâtelois ; or, quoique les courses de nuit sur les glaciers ne soient rien moins qu'agréables, nous n'en eûmes aucun souci ; nous nous retrouvions en pays de connaissance. Le pire de ces courses nocturnes, c'est l'ennui qu'elles causent ; car, pour ne pas tomber dans les crevasses, il faut avoir la prunelle tendue et l'œil constamment fixé sur l'endroit où l'on va poser le pied. Cheminer ainsi deux heures sans pouvoir causer, sans même pouvoir se livrer à ses réflexions, certes, c'est ennuyeux. Je n'ai pas besoin de dire que ce fut avec une vive satisfaction que nous aperçûmes au contour de l'Abschwung les lumières de l'hôtel des Neuchâtelois, qui faisaient un singulier effet au milieu de cette mer de glace. Nos amis entendirent avec une joie plus vive encore les premières roulades de nos guides. Aussitôt ils envoyèrent deux hommes à notre rencontre avec une lanterne, et du vin pour réparer nos forces. Nous arrivâmes vers dix heures à l'hôtel, un peu fatigués, mais heureux d'avoir un beau jour de plus à enregistrer parmi nos souvenirs des Alpes [1]. »

EXPÉDITION D'HIVER A LA MER DE GLACE DU MONT BLANC

M. Tyndall a publié sous ce titre, dans son beau livre sur les glaciers des Alpes [2], le récit d'une exploration entreprise par lui en 1859, afin d'observer le mouvement de la mer de glace pendant l'hiver. Nous avons traduit les plus intéressantes pages de cette relation, où la science s'unit à un sentiment poétique très-élevé :

« ... Après plus de cinq heures d'une marche très-laborieuse, nous atteignîmes le Montanvert. Je l'avais bien souvent vu avec plaisir. Souvent, après avoir passé la journée seul au milieu des sérac du col du Géant, j'étais revenu en contournant le promontoire de Trélaporte, et la vue du petit hôtel avait ranimé mes forces pendant ma descente sur le glacier. Je songeais, en approchant, aux aimables visages et au bon accueil qui m'y attendaient. Aujourd'hui encore, sa vue m'était agréable, malgré le triste aspect des lieux. En tournoyant autour de l'auberge, le vent avait enlevé ses talus de neige, qui s'étaient entassés jusqu'au toit des hangars voisins. Le plancher de la chambre dans laquelle j'avais logé en 1857 était couvert de neige, sur laquelle on voyait la trace fraîche des pas d'un petit animal.

« La nature, dans l'application de ses propres princi-

---

[1] E. Desor : *Revue Suisse*, juin 1843.
[2] *The glaciers of the Alps;* by John Tyndall, F. R. S. Londres, 1860

pes, dépasse souvent ce que l'homme peut imaginer; ses actes sont plus hardis que nos prévisions. Il en est ainsi pour le mouvement des glaciers, et un autre exemple se présentait alors à nous. Les planchers, même ceux des chambres dont les volets paraissaient très-bien clos, étaient couverts d'une couche légère de fine neige, qui s'étendait aussi sur les matelas des lits. Des fentes qui ne pourraient donner passage qu'à la poussière la plus ténue sont donc aussi traversées par la neige sèche. Chassée par le vent contre les volets, elle s'y était attachée comme une draperie, et je remarquai, en l'examinant, un effet si singulier que je pouvais à peine en croire mes yeux. Devant un grand carreau de verre et presque détaché de lui, sauf à son bord supérieur, pendait un rideau festonné, entièrement formé par de petits cristaux de glace. La courbe gracieuse de ses plis élégants n'aurait pu être mieux obtenue avec de la fine mousseline, dont il avait toute l'apparence. Les figures formées sur les vitres des fenêtres avaient aussi un caractère de beauté extraordinaire. Sur quelques-unes, elles couvraient de grands espaces, comme celles qu'on observe souvent à Londres; mais d'autres ne présentaient que des palmes détachées ou de simples fleurs groupées de manière à former de merveilleux bouquets en miniature. Je plaçai ma main sur une des vitres couvertes de cristallisations, jusqu'à ce qu'elles fussent fondues, et en la retirant je regardai la couche liquide à travers une lentille de poche. Le contact de l'air refroidit de nouveau la vitre, et, après peu de temps, je vis du mouvement à l'un des bords de cette couche. Les atomes se joignirent, et une multitude de lignes vivantes recouvrirent en peu de temps l'espace tout entier du plus délicat organisme. La relation entre ces objets et ce que nous appelons le sentiment ne peut être

La Mer de glace.

exprimée, mais il n'en est pas moins vrai qu'en faisant appel à la pure intelligence de l'homme, ces exquises productions peuvent aussi réjouir son cœur et mouiller ses yeux.

« Le glacier excita l'admiration de tous. Non plus rétréci, souillé de traînées boueuses et fumant au soleil comme pendant l'été ; il étalait ses muscles puissants, ses masses compactes, unissant la force à la beauté. Tantôt il était pur et uni, tantôt hérissé de hautes crêtes, abruptes et tranchantes. Les torrents gelés du versant montagneux opposé s'étageaient en terrasses successives, soutenues par des colonnes de glace cannelées. On n'entendait aucun bruit d'eau courante ; même le Nant blanc, qui jaillit d'une source indiquée comme permanente pendant l'hiver, ne donnait aucun signe d'existence. Du Montanvert à Trélaporte, la Mer de glace était dans l'ombre ; mais la lumière du soleil traversant le corridor du Géant s'étendait sur la partie supérieure du glacier, frappait la base de l'aiguille du Moine et illuminait la montagne jusqu'à sa cime. De l'autre côté de la vallée, le puissant cône de l'aiguille du Dru faisait flotter au vent une longue traînée de poussière neigeuse, qui lui donnait l'apparence d'une immense bannière. On voyait distinctement la grande Jorasse, la chaîne de sommets qui la lie à l'aiguille du Géant, et le Charmoz, dont les roches abruptes, taillées en précipices, se dressaient dans le ciel clair et froid. A la tombée de la nuit, les montagnes semblèrent nous envelopper : jamais scène plus solennelle n'avait frappé mes regards et saisi mon imagination.

« Pendant l'après-midi, mes hommes avaient été occupés à faire un essai préliminaire sur le glacier, pendant que je préparais mes instruments. Celui qui devait fixer mes stations était attaché à trois autres par de fortes et

longues cordes. Nous savions qu'on rencontrerait des crevasses cachées, et nous prenions nos précautions. Pendant la journée, le temps resta beau, et le soir les étoiles
parurent. Mais leur éclat était voilé par des vapeurs qui,
amassées au-dessus de la chaîne du Brévent, paraissaient
vouloir s'étendre jusqu'à nous.

« La nuit venue, je plaçai au milieu de la neige, à
quelque distance de la maison, une chaise, sur laquelle
j'installai un thermomètre enregistreur. Un grand feu de
bois de pin fut allumé dans la salle à manger, et je fis
étendre un matelas à une certaine distance de la cheminée, dans une position où les courants d'air entre la porte
et les fenêtres se neutralisaient.

« 28 *décembre*. — Nous fûmes debout avant l'aube. A
8 pieds du feu, la température était de 2° centigrades au-
dessous de zéro, et au dehors de 11°, ce qui ne constitue pas un très-grand froid. Les nuages, il est vrai, avaient
couvert le ciel et formé un vaste écran qui, pendant la
nuit, avait empêché la radiation vers l'espace de la chaleur du sol.

« Pendant que mes aides préparaient le déjeuner, j'eus
le temps d'inspecter le glacier et les sommités environnantes. En regardant vers la Mer de glace, la vue s'arrêtait d'abord sur la grande Jorasse, élevant sa cime escarpée au-dessus de la muraille de rochers qui termine le
glacier de Léchaud. Au delà de cette cime, à l'orient, une
rangée de nuages s'étendait tantôt en bandes transparentes, tantôt en masses plus denses, qui se trouvaient ainsi
jointes par une ligne de légers filaments. Quand l'aurore
parut, sa rouge lumière empourpra ces nuages et les vapeurs diaphanes qui enveloppaient les sombres crêtes de
la montagne. Le ciel prit un aspect étrange, surnaturel,

et, devant cette indescriptible scène, ce vers de Tennyson me revint à l'esprit :

« Dieu se manifeste dans la splendide majesté de l'aurore. »

« J'ai déjà parlé du nuage de neige que le vent faisait flotter au sommet de l'Aiguille du Dru. Il avait atteint à ce moment des dimensions extraordinaires, et se déroulait, illuminé par les premiers rayons du soleil, qui frangeaient aussi de feu les vives arêtes de l'aiguille du Dru et de l'Aiguille Verte, sortant des ombres de la vallée comme deux immenses flambeaux dont la flamme se répandait au loin. Peu après les sommités des Aiguilles Rouges s'illuminèrent à leur tour, et le jour se leva au milieu des montagnes.

« Mais ces magnificences du matin ne m'inspiraient pas moins un grand doute sur le temps. Quelquefois les nuages lumineux avaient à lutter contre des masses plus denses, qui les voilaient et enveloppaient les montagnes d'une teinte neutre, dont la passagère obscurité donnait ensuite plus d'éclat aux feux du soleil levant. Entre huit et neuf heures nous commençâmes l'installation de la première ligne de signaux, dont une des extrémités était située à environ 100 mètres au-dessus de l'hôtel de Montanvert. Un sapin desséché, placé sur le versant opposé marquait l'autre extrémité. Les piquets à planter étaient longs de 4 pieds. C'est avec le bâton dont je m'étais servi sur la Mer de glace en 1857, et qui avait été conservé par Simond, que le digne garçon commença la ligne. Dans quelques endroits on trouvait la neige très-profonde, mais ses couches inférieures étaient suffisamment compactes pour permettre d'y bien fixer le piquet. Là où le vent avait enlevé la neige, il fallait préalablement percer la glace avec une tarière. Les plus grandes précautions étaient conti nuellement nécessaires ; les hommes avançaient au milieu de crevasses cachées et devaient sonder à chaque pas. Peu à peu ils s'éloignaient de moi et approchaient de la limite est du glacier, où, la glace étant extrêmement disloquée, ils avaient la plus grande peine à traverser la neige. De longs détours étaient quelquefois nécessaires pour arriver au point déterminé ; mais tous étaient aussi habiles que courageux, et ils réussirent à fixer onze piquets le long de la ligne, le plus distant desquels était environ à 80 mètres de la rive opposée du glacier.

« A leur retour, je les consultai sur la possibilité d'établir une nouvelle ligne à la hauteur des Ponts ; mais ils jugèrent cette tentative impossible dans les circonstances où nous nous trouvions. Nous fûmes cependant d'avis qu'une seconde ligne pouvait être tracée à une certaine distance au-dessous du Montanvert. Je descendis avec le théodolite, enfonçant quelquefois dans la neige jusqu'à la poitrine, et, lorsque j'eus choisi une direction, les hommes se mirent à l'œuvre après s'être encore attachés les uns aux autres. Ils avançaient lentement, mais avec une grande assurance, dans cette nouvelle tâche, lorsque le ciel s'obscurcit. D'épais nuages s'assemblèrent autour des montagnes, et de fortes rafales passèrent sur le glacier. Les travailleurs étaient quelquefois cachés à ma vue par des tourbillons de neige qui les enveloppaient ; mais, entre ces bourrasques intermittentes, il y avait des intervalles de repos qui permettaient de continuer. La seconde ligne présentait plus de difficulté que la première, le glacier étant interrompu par des cavités aux abords abrupts, remplis d'une grande quantité de neige. L'obliquité des crevasses augmentait aussi les détours. Je voyais de temps en temps le guide enfoui jusqu'aux épaules dans la neige, et la refoulant comme un nageur avance dans l'eau. Je sou-

Ouragan sur la Mer de glace.

haitais alors d'être à côté de lui pour l'encourager et partager sa peine. Chacun des hommes connaissait ma bonne volonté pour agir, si les circonstances l'exigeaient, et tous travaillaient de grand cœur. Enfin, le dernier piquet fut planté, et la petite troupe revint vers le lieu de refuge.

« Vers le soir, le temps prit une apparence sinistre, et le vent souffla en tempête. Sur les parties les plus unies et les moins abritées du glacier, la neige s'étendait en couches égales et profondes. Mais des amas s'étaient formés dans les zones les plus tourmentées, entre les vagues gelées, et l'ouragan les soulevait en épais tourbillons qui cachaient le glacier. Toute l'étendue de la Mer de glace était ainsi divisée en segments clairs ou nuageux, et présentait l'aspect d'un prodigieux tumulte des éléments. Près de moi s'élevait un grand sapin, dont les branches les plus basses s'étendaient sur la neige. Je m'assis sur une de ces branches, et, abrité par le tronc, j'attendis que tous mes hommes fussent en sûreté. Le vent tordait les branches des arbres et en secouait la neige. Chaque montagne donnait son contingent à la tempête. La scène était d'une grandeur saisissante, et le gémissement des sapins s'accordait dans une noble harmonie avec le sauvage tableau qu'elle offrait aux regards.

« Nous nous retrouvâmes enfin tous abrités dans l'hôtel. Les volets battaient avec force. La tempête était intermittente, comme si, après un violent effort, il lui fallait du temps pour reprendre son énergie. En l'entendant mugir dans les gorges de la montagne et gronder autour de notre habitation, je pensais avec inquiétude à mes stations doutant de leur solidité devant un tel assaut. Nous prîmes cependant nos dispositions pour commencer à opérer dès que le jour le permettrait, et nous nous endormîmes aussi profondément que si la tempête avait chanté notre chanson de nourrice.

« *Jeudi* 29 *décembre.* — Neige abondante, qui a dû tomber toute la nuit. A sept heures ses flocons serrés épaississaient encore l'atmosphère. A huit heures le temps s'éclaircit un peu, et je pus aller visiter les stations pendant que mes hommes s'avançaient sur le glacier. Mais à peine avais-je fixé mon théodolite que la tempête recommença. Le guide qui m'assistait dans mes observations prit une vieille porte de l'hôtel, que nous disposâmes de manière à abriter l'objectif de l'instrument. Aux flocons qui descendaient des nuages s'ajoutait la poussière de neige soulevée par le vent, laquelle m'aveuglait parfois tellement que je ne pouvais plus voir le glacier. La mesure du premier piquet fut fatigante ; mais la pratique me rendit ensuite capable de profiter des courtes accalmies et des éclaircies que nous laissait la tempête.

« Vers neuf heures, ma lunette se trouvant dirigée vers les hommes que s'efforçaient d'avancer à travers la neige, où tout vestige du chemin tracé la veille avait disparu, je vis soudainement s'engloutir celui qui était en tête. Il s'était évidemment trouvé au-dessus d'une fissure cachée, dont le faîte de neige avait cédé. Dans un rapide mouvement, ses compagnons se groupèrent à côté de la fissure, d'où ils le retirèrent en un instant, grâce aux précautions qui avaient été prises.

« Mon guide apporta encore de l'hôtel deux perches que nous enfonçâmes obliquement dans la neige, et qui supportèrent une couverture derrière laquelle je pus m'abriter pendant que les hommes allaient visiter les signaux. A neuf heures trente minutes la tempête était si violente que je ne pouvais plus les apercevoir, les flocons passant en épaisses nuées dans le champ de la lunette. Quelque temps

« après le calme se fit de nouveau et produisit un merveilleux changement dans la nature de la neige. Des fleurs de glace, semblables à celles que j'avais observées sur le Monte-Rosa, tombèrent par myriades. Pendant longtemps les flocons furent entièrement composés de ces fleurs exquises, réunies en groupes. Elles couvraient d'un léger duvet la couche de neige et mes vêtements de laine en étaient parsemés. La nature prodigue faisait ainsi pleuvoir la beauté, dans les lieux où elle la répandait avec la même profusion pendant les âges où l'homme n'avait point encore apparu. Quelques-uns cependant se flattent de l'idée que le monde fut créé pour lui, et que le lis des champs existe simplement pour éveiller en nous le sentiment du beau. Certes, cela est, mais ce n'est qu'un des mille résultats que la nature poursuit. D'où viennent ces fleurs glacées qui tombèrent aussi pour les Éons [1] ? La question me rappela la réponse du poëte, quand il demande où était la fleur du Rhodora :

« Où étais-tu alors, ô rivale de la rose ? — Je n'ai jamais songé à le demander, je ne l'ai jamais su ; mais ma simplicité ignorante suppose que le même pouvoir qui me porta sur les cimes y conduisit aussi vos pas [1]. »

« J'esquissai quelques-unes des fleurs de glace qui continuaient à tomber, mais, au lieu de reproduire ces esquisses imparfaites, je donne deux des formes dessinées avec tant d'habileté et de patience par M. Glaisher (V. la fig. *Fleurs de la neige*).

« Nous achevâmes de prendre nos mesures sur la première ligne avant onze heures, et j'éprouvai une vive satis-

---

[1] Intelligences éternelles, êtres intermédiaires imaginés par les gnostiques et classés en séries pour remplir la distance entre Dieu et l'homme.
[2] Emerson.

faction en pensant que je possédais quelque chose dont le temps ne pourrait me priver. Après avoir fermé mon livre de notes, et pendant que je transportais l'instrument à la, seconde station, je sentais que mon expédition était déjà un succès.

« A onze heures un quart, j'avais de nouveau fixé mon théodolite, et, en dirigeant la lunette vers la ligne des signaux, je vis que tous étaient debout. Au milieu du désert de glace, morne et désolé, leur vue me fut agréable comme une marque des œuvres de l'intelligence. En même temps que je commençais, un geai solitaire vint se percher près de moi, sur un sapin, comme pour me tenir compagnie. L'air était tranquille et la neige tombait en abondance. Les fleurs qu'elle semait étaient magnifiques et d'une parfaite régularité ; leur diamètre variait d'un vingtième de pouce à deux lignes. Près de mon théodolite j'avais enlevé la neige d'un tronçon de sapin afin d'y pouvoir frapper mes pieds engourdis, et sur ce tronçon était placée une couverture propre à servir d'écran en cas de bourrasque. Pendant que je préparais mes observations, une couche de neige épaisse d'un pouce, entièrement composée de fleurs charmantes, s'étendit sur cette couverture. L'atmosphère en était remplie ; des nuages à la terre la nature façonnait les atomes en étoiles, qui faisaient honte, par la beauté de leur structure, aux barbaries de l'art.

« Mes hommes ayant atteint la première station, le mesurage commença. La tempête balayait de nouveau la vallée, obscurcissant l'air sur son passage ; la neige tombait à flocons pressés ; mais je pus cependant, non sans peine, il est vrai, suivre la marche des guides jusqu'à une distance de 800 mètres, malgré les rafales et les tourbillons. A cette distance aussi ma voix put être entendue et mes instructions furent exécutées. L'homme qui relevait la ligne se trouvant derrière son bâton et empêchant sa projection sur la neige, je lui criai de se mettre de côté, ce qu'il fit immédiatement. Pendant toute la durée du travail, la neige ne cessa pas de tomber, et quelques-unes des illusions qu'elle produisait, étaient vraiment singulières. La limite éloignée du glacier paraissait s'élever à une hauteur extraordinaire, et les hommes qui traversaient la neige semblaient grimper sur une muraille. Leur travail était plus difficile que sur la première ligne, à cause des pentes rapides où l'effort de l'ascension s'ajoutait, surtout pour le guide, à celui nécessité par l'ouverture du chemin à travers la neige. Je le voyais souvent glisser et se porter ensuite en avant pour regagner le terrain perdu, dépensant ainsi ses forces sans résultat sensible. Au dernier piquet, les hommes s'écrièrent : « Nous avons fini ! », et je les entendis distinctement. Pendant qu'ils opéraient, j'avais été couvert de cristaux qui pendaient à mes vêtements, et qui s'étaient aussi accumulés sur les parties les plus exposées de mon théodolite. Le travail étant terminé, je refermai l'instrument, et me mis en marche vers l'hôtel. En quelques endroits, la couche de neige montait jusqu'à ma poitrine.

« Les hommes furent bientôt de retour, et, après le dîner, vite préparé, remirent tout en ordre. Les chambres furent balayées, les matelas replacés dans les lits, et les volets fermés avec soin. Nous fermâmes la maison à clef, et, le cœur léger, le corps dispos, nous commençâmes la descente. Mon dessein était de me transporter à la source de l'Arveyron, pour examiner et inspecter la voûte de la grotte d'où elle s'écoule. Pour atteindre ce but nous descendîmes en ligne droite la montagne. L'inclinaison était souvent très-grande, et nous glissions alors avec la vitesse d'une avalanche, presque toujours accompagnés en effet d'une avalanche créée par notre propre mouvement. Un moment Balmat fut enseveli sous cette masse roulante: les guides frémirent, mais il reparut immédiatement. Tairraz le suivait, et je suivais Tairraz, habitué à ce genre d'exercice par ma pratique sur le Finsteraarhorn. L'un des porteurs, Simond, qui avait été chargé de la boîte du théodolite, fixée sur son dos à un crochet, ne pouvait prendre part à ce mode expéditif de descente. Une fois le pied lui manqua et il roula sur la pente, la boîte émergeant périodiquement de la neige à chacune des révolutions du porteur. Une succession de glissades nous transporta avec une étonnante célérité au bas de la montagne, où nous nous dirigeâmes par des sentiers couverts vers la source de l'Arveyron.

« Une quantité d'eau considérable, présentant tous les caractères de l'eau des glaciers, sortait de la grotte. Elle était trouble, mais non comme au printemps, différence qui tenait sans doute au moindre volume de la source et à un moindre broiement opéré par le glacier sur ses parois dans son mouvement de descente, mouvement qui paraît n'être jamais suspendu, même au milieu de l'hiver. La température de l'eau était à un dixième de degré centigrade au-dessus de zéro ; celle de la glace à un demi-degré au-dessous. Cette dernière température était aussi celle de l'air, tandis que celle de la neige, couverte en quelques endroits par les blocs de glace, était à un degré et quart au-dessous de zéro.

« L'entrée de la grotte était formée par une arche de glace qui s'était détachée de la masse du glacier, laissant un espace vide à travers lequel nous apercevions le ciel. Au delà la grotte se resserrait, et nous nous trouvâmes bientôt plongés dans la lumière bleue du glacier. La voûte de l'arche intérieure était percée par un puits vertical,

Source de l'Arveyron.

d'un mètre de large environ, qui allait aboutir à la surface. L'eau s'était écoulée par ce puits et, en se congelant
de nouveau au-dessous de l'ouverture, avait formé un pilier composite en menus glaçons, de 20 pieds au moins
de haut et de 1 mètre d'épaisseur, s'élevant du sol à la
voûte. Sur une des faces du pilier ces glaçons étaient réunis en une même surface, mais sur la face opposée ils formaient une série de colonnettes d'une admirable beauté.

Caverne de glace.

Ce groupe était courbé à sa base comme s'il avait suivi le
mouvement du glacier ou plié sous la pression de l'arche.
Nous atteignîmes l'extrémité de la grotte en passant au-
dessus des larges blocs de glace qui la remplissaient, et,
arrivés là, nous trouvâmes un passage en biais, voûté par
une arche de cristal, et conduisant à l'extérieur par une
pente roide. Cette singulière galerie avait à peu près 60
pieds de long et la neige en couvrait le sol. Nous la gra-
vîmes en rampant et, parvenus à l'issue extérieure, nous
redescendîmes par une glissade devant l'ouverture de la
grotte. Ce souterrain de cristal, avec la lumière azurée qui
rayonnait de ses parois, présentait un aspect de magique

beauté, dont mes compagnons étaient encore plus émer-
veillés que moi.

« Placés au-dessous de l'arche bleue, nous admirions à
l'ouest le ciel chargé de nuages pourprés, qui s'étendaient
en bandes ardentes jusqu'au zénith. Avant de partir, je
voulus jeter un dernier regard aux nobles pics de la Mer
de glace, l'Aiguille du Dru et l'Aiguille Verte. Au-dessous
des montagnes le glacier était dans l'ombre, et ses précipices apparaissaient dans une obscure teinte bleue, d'où
s'élevaient les deux puissantes pyramides dont le sommet
reflétait la vive lumière du couchant. Sur les montagnes,
des masses détachées s'éclairaient des mêmes rayons, et
les cimes neigeuses semblaient illuminées par l'ardent
éclat d'un incendie. Je restai dans une silencieuse contemplation devant l'extraordinaire majesté de cette scène,
jusqu'au moment où s'évanouirent sur les plus hauts sommets les derniers rayons du jour, et telle fut la fin de mon
expédition d'hiver à la Mer de glace.

« Je ne saurais terminer cette relation sans dire un mot
de mes guides et de mes porteurs, dont la conduite fut admirable et qui accomplirent leur difficile et dangereux
travail avec le plus courageux élan. Je connaissais déjà Simond, qui, par son intelligence et son affectueuse fidélité,
avait gagné toute mon estime. Joseph Tairraz est un excellent guide qui, dans cette occasion, fit preuve de toutes
les qualités qui peuvent le recommander aux voyageurs.
Leurs deux compagnons sur le glacier, Édouard Balmat et
Joseph Simond, s'acquittèrent à merveille de leur tâche,
ainsi que François Ravanal, mon aide pendant les observations, et je suis heureux de pouvoir leur rendre ici ce
bon témoignage. »

V

LES AVALANCHES

Avalanches de la Jungfrau. — Avalanches de fond. — Travaux de défense. — Avalanches de glace. — Avalanches de vent. — Avalanches de pierre. — Débâcle des neiges sur les volcans. — Glace sous la lave.

AVALANCHES DE LA JUNGFRAU

Nous avons fait notre voyage aux glaciers de la Suisse en plein été, saison où les avalanches sont rarement dangereuses ; aussi ce mot si effrayant ne nous rappelle-t-il qu'un admirable spectacle dont nous avons été témoin en passant le long de la Scheideck, devant la majestueuse Jungfrau, l'Alpe vierge, dont la belle cime blanche est restée si longtemps inaccessible pour les plus hardis explorateurs. Cette traversée dura à peine une heure et cependant notre guide cria deux fois : « Regardez l'avalanche ! » en signalant un simple filet d'argent sur les parois rocheuses les plus élevées de la montagne. Nous suivîmes avec une vive curiosité le développement du phénomène. La cascade rebondit tout à coup, souleva un épais nuage

de poussière blanche, et donna naissance à d'autres cascades plus volumineuses, qui descendirent d'étage en
étage jusqu'à la base, qu'elles couvrirent sur une grande
étendue. Pendant la chute de ces impétueux torrents de
neige et de glace nous entendions des roulements et des
éclats semblables à ceux du tonnerre, que répétèrent
longtemps les nombreux échos des vallées de Grindelwald et de Lauterbrunnen.

Le plus souvent, malheureusement, les avalanches sont
un des plus terribles fléaux des pays de montagnes. Des
fermes, des villages, des forêts sont entraînés par leur
rapide mouvement ou écrasés sous leurs masses, et, en
tombant au fond des gorges, elles causent aussi d'affreuses
dévastations par l'élévation et la soudaine irruption de
l'eau des torrents dont elles barrent le lit.

Principalement étudiées par les naturalistes suisses, les
avalanches ont été divisées, d'après leur mode de formation, en trois espèces : les avalanches de fond, les avalanches de glace et les avalanches de vent. Nous ne nous
contenterons pas de les décrire ; nous montrerons que
l'homme n'est pas entièrement désarmé en face de ces
formidables bouleversements, et que des mesures de précaution sont possibles dans quelques cas pour empêcher
la chute des avalanches ou se préserver de leurs ravages.

AVALANCHES DE FOND

Lorsqu'au printemps le dégel commence, la neige fond
d'une manière très-inégale dans les hautes régions des
montagnes. Ce sont les surfaces les mieux exposées au soleil qui disparaissent les premières. Les rochers ou les

terrains de couleur foncée s'échauffent très-rapidement et provoquent la fusion autour d'eux, à une assez grande distance. En arrivant sur le champ de neige, l'eau ainsi formée ne reste pas à leur surface, mais descend par infiltration jusqu'au sol, et là elle coule entre la neige et la terre en gagnant toujours les plus grandes pentes. Supérieure de quelques degrés à zéro, elle fond peu à peu les couches inférieures de la masse neigeuse, et, la détachant ainsi du sol, facilite son glissement sous l'action de la pesanteur. Telle est l'origine des avalanches de fond (*Grundlauwinen*). Elles sont surtout à craindre au-dessous des fortes déclivités, lorsque le vent chaud du fœhn souffle des régions méridionales. A mesure que la saison avance, le mouvement qu'il provoque se ralentit ; toutes les couches de neige qui ont pu être détachées sont tombées, et en été leur chute devient beaucoup plus rare.

Dans un grand nombre d'endroits il y a des avalanches de fond périodiques ; les mêmes circonstances se reproduisant, elles tombent toutes les années exactement à la même époque et peuvent être par conséquent facilement évitées. Les habitants de Tavetsch ont la coutume de placer chaque automne des fascines sur le passage des avalanches dont ils prévoient le glissement au printemps, et par suite du retard ainsi produit dans la masse neigeuse, ils parviennent à s'abriter à temps.

Il suffit souvent d'un simple ressaut de terrain pour arrêter ou détourner une avalanche. Le village d'Andermatt, au pied du Saint-Gothard, doit sa conservation à une petite forêt de sapins séculaires située sur la pente de la montagne qui le domine. Aussi cette forêt est-elle pour les habitants l'objet des plus grands soins ; ils l'ont entourée d'une haie pour en défendre l'accès aux bestiaux, et des peines très-sévères sont édictées contre les hommes qui se rendraient coupables de la moindre atteinte à ces arbres sacrés.

A Baréges, dans les Pyrénées, les avalanches tombaient fréquemment et causaient de grands dommages. On vient d'y faire des travaux de défense qui paraissent très-efficaces. Sur le flanc de la montagne, des banquettes de 3 à 4 mètres de largeur ont été taillées et leurs bords ont été garnis de pieux en fonte. Pour protéger les plantations des jeunes arbres qui devront servir aussi à arrêter les masses entraînées, on a établi des clayonnages ou des murs en maçonnerie. En 1860, année où tout a été achevé, une seule avalanche est arrivée au fond du ravin, mais son volume ne dépassait pas 300 mètres cubes, tandis qu'autrefois des masses de plus de 75,000 mètres y descendaient avec une énorme vitesse.

Les montagnards calculent assez facilement le temps nécessaire pour qu'une avalanche de fond se détache de la pente sur laquelle elle se trouve couchée. La connaissance de la température des régions supérieures, dont les chutes dépendent surtout, leur est donnée par différents signes : la transparence de l'air, la forme et la direction des nuages, l'apparence de la neige qui reste sur les anfractuosités des rochers. Mais quand les vents ont accumulé plus particulièrement la neige sur quelques points, et que de violents ébranlements de l'air y viennent contribuer à la rupture de l'équilibre, les prévisions ne peuvent être que très-incertaines, et on est alors réduit, quand on traverse les défilés des Alpes au printemps, à l'usage de quelques simples règles de prudence. Ainsi les voyageurs doivent toujours se séparer en différents groupes échelonnés pendant la marche à une distance suffisante pour qu'en cas de malheur quelques-uns restés hors d'atteinte puissent porter secours aux autres ; la

Avalanche de fond.

route doit être faite de grand matin, avant que le soleil ait trop échauffé les sommets, et il faut éviter avec soin tous les bruits capables d'agiter sensiblement l'air jusqu'à la région des neiges. Il est bon, en outre, avant de s'engager dans une vallée, de tirer un coup d'arme à feu, afin de provoquer à l'avance les chutes les plus imminentes.

Des gorges profondes renferment souvent encore, à la fin de l'été, de grands amas de neige provenant des avalanches que la chaleur de la saison n'a pu fondre. Lorsque ces débris, au moment de leur chute, s'étendent d'une paroi à l'autre de la vallée, le torrent qui coulait au fond est subitement arrêté. Mais bientôt les eaux parviennent à se frayer un passage à la partie inférieure de la barrière de neige. Celle-ci reste alors suspendue au-dessus comme une arcade en plein cintre, et forme un pont dont profitent quelquefois de hardis voyageurs.

Aux désastres directement causés par la chute des avalanches de fond, à cette multitude d'habitations écrasées, d'hommes et de bestiaux ensevelis, dont les annales des pays de montagnes nous présentent la lugubre nomenclature, il faut ajouter les ravages de la colonne d'air qu'elles poussent devant elles et dont la force est souvent irrésistible. Entre autres exemples, nous citerons une avalanche qui tomba en 1844 des flancs du Prarion, non loin de la vallée de Chamounix. Elle n'abattit sur son passage qu'un grand nombre d'arbres et s'arrêta au fond de la gorge qui longe le pied de la montagne. Mais sur le versant opposé, à 20 mètres plus haut et à 400 mètres de distance, plusieurs sapins furent renversés par un vent violent, résultant du mouvement de cette avalanche ; il était évident que la masse de neige molle et dépourvue de toute élasticité dont elle se composait n'avait pu remonter une telle pente.

L'histoire des avalanches est pleine de récits émouvants, parmi lesquels nous choisissons la relation suivante extraite des vieilles chroniques de la Suisse : « Le chevalier Gaspard de Brandenbourg, de Zug, lieutenant-colonel au service de l'Espagne, descendait du Saint-Gothard dans la vallée Levantine, accompagné d'un domestique. C'était au printemps ; ils approchaient d'Aïrolo, quand ils furent ensevelis l'un et l'autre sous une avalanche énorme descendue des Alpes qui bordaient le chemin. Un petit chien qui les suivait et qui était dans ce moment à quelque distance ne partagea pas leur triste sort. Inquiet de leur disparition et voyant probablement ses efforts inutiles, il retourna à l'hospice du Saint-Gothard, où son maître avait logé en passant.

« Il aboie autour des habitants, comme pour les prier de le suivre, et reprend ensuite le chemin de la vallée. On n'y prit pas garde d'abord. Ce ne fut que le lendemain, après qu'on l'eut vu poursuivre ses courses et ses instances, que les gens de l'hospice soupçonnèrent quelque événement fâcheux, et suivirent le pauvre chien, qui les conduisit à l'endroit où son maître avait disparu. A la vue de cette avalanche toute récente, l'insistance de cet animal ne fut plus une énigme pour eux. Ils coururent chercher les instruments nécessaires, et, après un travail très-long et très-pénible, ils découvrirent les deux infortunés qui avaient passé trente-six heures sous la neige, et qui, après Dieu, étaient redevables de la vie à la fidélité de leur chien. Ils attendaient dans ce froid cachot, avec une angoisse qui ne peut se décrire, une mort aussi lente que douloureuse, et n'avaient eu quelque espérance de salut qu'en entendant les voix et les outils des travailleurs ; la neige, assez compacte pour les empêcher de remuer, laissait pourtant arriver jusqu'à eux le bruit de

Avalanche de glace.

ceux qui étaient venus à leur secours. On peut voir à Zug,
dans l'église de Saint-Oswald, sur la tombe de ce même
chevalier, mort en 1528, une statue faite par son ordre,
où il est représenté avec un épagneul à ses pieds. »

AVALANCHES DE GLACE

Lorsque le mouvement de progression des glaciers, au
lieu d'amener leurs émissaires par des pentes douces
dans la région tempérée, les fait aboutir à des escarpements, ils restent suspendus pendant quelque temps au-
dessus des précipices en forme d'avant-toit. La masse sur-
plombante augmentant continuellement, sa solidité ne
fait bientôt plus équilibre à sa pesanteur ; elle se rompt et
tombe par fragments dans la vallée, qui, sous leurs chocs,
retentit de bruits formidables.

Dans la vallée de Zermatt, le village de Rauda est do-
miné par la pyramide étincelante du Weisshorn, qui doit
son nom à la pureté de sa neige et dont la grande inclinaison, de 40° environ, effraye à juste titre les voyageurs
quand ils passent à ses pieds. En 1819, une énorme partie de son glacier se détacha et fut précipitée. Cette chute
eut lieu avec une telle violence que presque toutes les
maisons de Rauda, construites sur des piliers élevés selon
la mode du pays, furent renversées, non par le choc de la
masse de glace, mais par l'air qu'elle déplaçait et chas
sait devant elle. L'avalanche s'était en effet arrêtée dans
un endroit qu'un assez large cours d'eau séparait encore
du village.

L'accumulation des glaces au fond des vallées est encore plus dangereuse que celle des neiges, qui au moins

fondent assez rapidement au contact de l'eau des torrents.
Aussi cette accumulation cause-t-elle quelquefois de terribles inondations. Au printemps de l'année 1818, de nombreuses avalanches détachées du glacier de Gétroz étaient tombées dans la partie supérieure de la vallée de Bagnes, qui est une des ramifications principales de celle du Rhône dans les Alpes. Elles formèrent un glacier secondaire qui barra le torrent de la Dranse, dont les eaux s'accumulèrent promptement en arrière de cette digue et donnèrent naissance à un lac de 2,500 mètres de long sur 200 mètres de large. Une masse de trente millions de mètres cubes était suspendue au-dessus de la partie inférieure de la vallée, dont les habitants étaient dans un effroi extrême. Un ingénieur du Valais, M. Venetz, résolut de ménager aux eaux un écoulement graduel, et fit creuser dans la glace une galerie de 250 mètres à une assez grande distance au-dessous du niveau des eaux. Il n'était sorti encore que le tiers de la contenance du lac, lorsque, le 16 juin, après quelques jours très-chauds, la masse entière de la digue commença à céder ; le torrent s'ouvrit soudainement une nouvelle issue et avança vers la vallée, haut de 40 mètres et franchissant 6 lieues en une demi-heure. Il entraîna des rochers énormes, une partie des forêts et plus de cent chalets. Les habitants et les bestiaux s'étaient réfugiés sur les hauteurs, et l'on n'eut à regretter qu'un petit nombre de victimes, mais toutes les terres furent ravagées et couvertes de pierres. La ville de Montigny, située sur les bords du Rhône à 30 kilomètres environ du glacier, souffrit beaucoup ; l'eau s'éleva dans les rues à la hauteur de 3 mètres. L'impétuosité de ce déluge ne diminua que quand il parvint dans la vallée plus large du Rhône.

M. Venetz a recommandé un moyen aussi simple qu'in-

Hospice du mont Saint-Bernard.

génieux pour éviter la formation d'une nouvelle digue de glace d'une si grande dimension. Pendant l'été, il suffit de détourner sur le glacier secondaire plusieurs sources qui jaillissent des flancs de la vallée. La température de leurs eaux s'élève considérablement à mesure qu'elles coulent sur des roches échauffées par le soleil, et, lorsqu'au moyen de rigoles on les a dirigées sur tous les points du glacier, leur chaleur, jointe à celle de l'atmosphère, fait fondre une très-grande quantité de glace et empêche ainsi la digue de s'élever suffisamment pour barrer le cours du torrent. En hiver, le glacier secondaire s'accroit peu, et la Dranse étant très-basse, comme tous les torrents des Alpes, ces précautions ne sont pas nécessaires.

Les Alpes présentent plusieurs glaciers qui se précipitent en avalanches sur d'autres glaciers. Au flanc oriental de l'Eiger, une cascade de glace descend sur le glacier inférieur de Grindelwald. Non loin de Cormayeur, au sud du mont Blanc, on voit le glacier de la Brenva faire avalanche sur lui-même, à l'endroit où se trouve un grand escarpement qu'il vient de contourner. Après leur chute, les gros blocs de glace s'amassent en talus d'éboulement triangulaire, incessamment déformé par le mouvement du glacier sur lequel il s'appuie. Lorsqu'on fait l'ascension de la montagne, il importe de passer en courant sur l'étroite plaine qui est désignée sous le nom de Petit-Plateau. Des avalanches de séracs y tombent fréquemment du haut des escarpements qui la dominent et se brisent en mille morceaux ; suivant M. Ch. Martins, qui fit un séjour très-long près de ce lieu dangereux, il y avait une de ces chutes à peu près toutes les heures.

AVALANCHES DE VENT

L'avalanche de vent est celui des phénomènes de ce genre qui rapproche le plus les Alpes des terres septentrionales du globe. C'est un déplacement des neiges occasionné par les violentes tempêtes de l'hiver. Conservées par le froid dans leur état de légèreté, elles sont transportées à de très-grandes distances et s'accumulent souvent en véritables collines. L'aspect de la région est changé en un instant. Les sentiers que les pas ont tracés disparaissent ; les signaux, élevés de distance en distance, pour indiquer la direction des routes, sont renversés; et si le malheureux voyageur n'est pas enseveli sous cette mer furieuse, il porte avec désolation ses yeux sur une plaine uniforme où rien ne peut plus guider sa marche.

Les avalanches de vent deviennent surtout terribles pendant les très-basses températures de l'hiver. La neige, aussi pulvérulente alors que le sable des déserts, est souvent emportée comme lui en immenses nuages tourbillonnants. Des villages, de grandes troupes d'hommes, ont été ainsi couverts, en un instant, d'une couche profonde. Les chroniques de la Suisse parlent de soixante soldats disparus sous une avalanche en 1478. En 1500, une autre avalanche ensevelit, au passage du grand Saint-Bernard, une centaine de personnes.

Le 14 janvier 1749, le village entier de Leukerbad, à l'exception de quelques huttes, fut couvert d'une masse de neige si épaisse que peu d'habitants purent échapper en s'y frayant à grand'peine un passage. On raconte qu'un jeune garçon resta enseveli pendant une semaine entière au fond d'une cave, après avoir vainement essayé de se dégager avec ses faibles bras. Lassé de ses efforts, il se mit à chanter tous les psaumes qu'il savait, et sa voix perça si bien l'épaisseur de la couche glacée qu'elle fut entendue par quelques habitants qui s'empressèrent de délivrer le pauvre enfant.

L'année suivante, au mois de février, cent vingt maisons et étables, avec quatre-vingt-quatre hommes et un grand nombre de bestiaux, furent détruites par une avalanche à Obergestelen, dans le Valais. En mars, la neige engloutit soixante et un hommes à Tethan, dans la basse Engadine.

En 1749, le village de Ruaras (canton des Grisons) fut couvert presque en entier par une avalanche qui l'atteignit pendant la nuit. De cent personnes ensevelies, soixante seulement parvirent à sortir de leur prison de neige. Un semblable événement eut lieu en 1827 à Biel, dans le Valais, où trente hommes furent tués.

Combien de voyageurs ont été enveloppés par des avalanches de vent dans les passages élevés des Alpes ! L'esprit de dévouement chrétien a heureusement conduit, au milieu de quelques-unes de ces solitudes glacées, des religieux qui, aux jours de tempête, les parcourent dans tous le sens et s'efforcent d'arracher des victimes à la mort. Ils ont fondé quinze lieux de refuge, dont le principal est l'hospice du grand Saint-Bernard, l'habitation la plus élevée de l'Europe et près de laquelle plus de dix mille personnes passent chaque année. Le service des secours y est organisé d'une manière parfaite, et les hospitaliers sont puissamment aidés dans leurs recherches par une espèce particulière de chiens qui possède un admirable instinct pour retrouver la trace des voyageurs.

AVALANCHES DE PIERRES

Sur beaucoup de montagnes des Alpes où les roches sont extrêmement disloquées par les variations de température, ces sortes d'avalanches constituent un grand danger. Nous empruntons au récit de l'ascension au Weisshorn par M. Tyndall[1], la description suivante :

« ... Pendant que nous étions à réfléchir aux moyens de sortir de notre difficile position, un grondement sourd et profond attira notre attention : tout près du sommet du Weisshorn un bloc venait d'être détaché ; il se précipitait dans un couloir sans neige, soulevant à chacun de ses bonds un nuage de poussière. Une centaine de blocs semblables furent immédiatement mis en mouvement, et l'intervalle qui séparait ces lourdes masses était rempli par une grêle de pierres plus petites. Chacune d'elles soulevait dans les airs sa part de poussière, jusqu'à ce qu'enfin l'avalanche fut enveloppée dans un vaste nuage. Le tapage de cette diabolique cavalerie était étourdissant : des blocs noirs paraissaient de temps en temps à travers le nuage et s'élançaient dans les airs comme des démons ailés. Leur mouvement n'était point seulement un simple déplacement, car ils sifflaient et vibraient dans leur course comme s'ils eussent été poussés en avant par de véritables ailes. Le Schallenberg et le Weisshorn se renvoyaient incessamment la voix des échos jusqu'à ce qu'enfin, après que le bruit sourd des chutes nombreuses eut annoncé l'engloutissement des blocs dans les neiges au pied de la

---

[1] *Dans les montagnes.*

montagne, la troupe tout entière fût rentrée dans le silence. Cette avalanche de pierres était l'un des phénomènes les plus extraordinaires que j'eusse jamais contemplé; à ce propos, je voudrais attirer l'attention des grimpeurs futurs sur le danger extrême que courrait celui qui tenterait d'escalader le Weisshorn en s'élevant sur cette face et en évitant ainsi l'arête. A chaque instant le flanc de la montagne peut être balayé par une mitraille aussi meurtrière que celle du canon. »

DÉBACLE DES NEIGES SUR LES VOLCANS. — GLACE SOUS LA LAVE

Aux avalanches se rattachent les grandes débâcles qui ont lieu quelquefois sur le flanc des montagnes volcaniques très-élevées, comme celles de la chaine des Andes. Avant que les éruptions ne commencent, la chaleur intérieure communiquée aux laves et ensuite aux neiges du sommet fait ruisseler l'eau de fusion entre le sol et les couches inférieures, qui se détachent, glissent sur les pentes et se précipitent vers la base du volcan. Ces avalanches annoncent donc la prochaine explosion des feux souterrains. La débâcle commence à mesure que les déjections du cratère accélèrent la fonte de la couche glacée, et souvent des inondations redoutables sont produites par des torrents qui entrainent pêle-mêle des blocs de glace et des scories fumantes.

Il arrive quelquefois que la réaction des produits ignés des volcans sur les glaces de leurs pentes présente un phénomène entièrement différent de celui que nous venons de décrire. Sur l'Etna, par exemple, une couche de glace s'est conservée depuis des siècles entre deux couches de lave.

La chose, au premier abord, paraît difficile à croire : l'eau et le feu dans une telle union ! La glace soutenant le feu ; le feu empêchant la glace de se fondre. Comment pouvait-on s'attendre à rencontrer de la glace sous les courants vomis par le volcan ?

Voici l'origine de cette singulière découverte :

« En 1828, la chaleur de l'été avait été si grande que Catane n'avait plus de glace ; on en manquait partout en Sicile, et Malte en avait envoyé chercher, sans pouvoir à aucun prix s'en procurer. Dans ce pays, la glace n'est pas comme chez nous, un simple objet de luxe ou de friandise ; c'est un besoin général de tout le monde, de tous les jours. On aimerait mieux voir toutes les caves taries que les glacières vides. Il paraît même que des raisons hygiéniques rendent les boissons fraîches nécessaires, et que la santé publique pourrait se trouver compromise si l'on venait à en être privé. On sent donc aisément dans quelle détresse cette disette avait jeté la Sicile tout entière. Les magistrats de Catane eurent l'idée de s'adresser à l'un des explorateurs les plus savants et les plus assidus de l'Etna, M. Gemellaro, espérant que sa profonde connaissance des lieux le mettrait peut-être à même d'indiquer quelque crevasse ou quelque grotte dans laquelle il y aurait une réserve inconnue de glace ou de neige. La géologie se voyait appelée, dans la personne de M. Gemellaro, à rendre à la société un genre de service tout nouveau, et dont, malgré l'originalité, on ne contestera pas certainement l'importance. Ce géologue, par un heureux hasard se vit en effet capable de répondre à ce qu'on lui demandait. Il avait depuis longtemps remarqué sur le sommet de l'Etna, entre des cendres et des scories, un petit massif de glace se montrant au jour par ses bords ; diverses circonstances l'avaient conduit à soupçonner que ce n'était là que l'effleurement d'une couche de glace beaucoup plus épaisse, qui dans les temps antérieurs aurait été recouverte par la lave durant une éruption. Prenant donc une troupe d'ouvriers, il se rendit dans cet endroit, fit creuser la roche à coups de pioche, percer des galeries, et on arriva en effet à une couche épaisse de glace, emprisonnée de toutes parts dans la lave, et assez étendue pour satisfaire amplement aux besoins de la ville.

« Voici maintenant l'explication du fait ; elle est bien simple. Durant l'hiver, la grande élévation de l'Etna fait qu'il s'accumule autour de son sommet beaucoup de neige et de glace, que la chaleur de l'été fait ensuite fondre presque entièrement. Il n'en peut rester que dans les fentes et les crevasses qui font abri contre les rayons du soleil. On conçoit facilement que, le volcan n'étant pas toujours en feu, son sommet puisse devenir aussi froid que celui de toute autre montagne de même taille. Or, imaginons que, la partie supérieure du volcan étant ainsi enveloppée d'une calotte de glace, une éruption se produise : une colonne de cendres s'élève, se refroidit en partie pendant son ascension, puis retombe sur la glace, la saupoudre peu à peu, s'y accumule, et y forme une couche plus ou moins haute sur toute son étendue : le seul effet produit est de déterminer la fusion d'une petite quantité de glace qui, mouillant la couche de cendre dans sa partie inférieure, achève de la refroidir. Que le volcan, continuant le cours de ses éjections, vomisse maintenant par son cratère des flots de lave, cette lave descend vers la partie de la montagne où régnait tout à l'heure l'hiver et qu'une croûte de glace couvrait ; mais la glace, sous la couche de cendre qui la revêt, reste à l'abri du feu : la chaleur ne pénètre pas, ou ne pénètre que très-faiblement jusqu'à elle ; elle demeure intacte sous son manteau de lave ; peu à peu ce manteau se refroidit, se solidifie, prend la température commune des régions supérieures de l'Etna tandis que la glace inaccessible à son influence, préservée à tout jamais par lui des rayons du soleil, demeure fixe et inaltérable.

« Les bergers qui habitent les roches élevées de l'Etna ont l'habitude, afin de conserver la neige destinée à abreuver leurs troupeaux pendant l'été, de répandre à sa surface, dès la fin de l'hiver, une couche de cendre qui suffit pour la préserver de l'action des rayons solaires et la garder pour leurs besoins aussi longtemps qu'ils le veulent. M. Gemellaro avait sans doute observé cette pratique, et c'est en la généralisant qu'il est arrivé à deviner et à découvrir la singulière et précieuse glacière que nous venons de décrire. L'ignorant se contente d'observer, l'homme sage observe et s'efforce sans cesse de comparer et de conclure [1]. »

[1] *Magasin pittoresque*, t. IV.

VI

GLACES FLOTTANTES

Production de la glace et formation des crevasses à la surface des lacs. — Bruits sous la glace. — Curieux phénomènes. — Hivers rigoureux. — Résistance de la glace. — Les patineurs. — Les débâcles. — Débâcle sur le Mississipi. — Inondations. — Pouvoir de transport des glaces flottantes. — Ile de glace. — Glaciers de la Terre-de-Feu. — Dépôts erratiques. — Formation et aspect des glaces flottantes. — Banquises. — Ciel d'eau.

PRODUCTION DE LA GLACE ET FORMATION DES CREVASSES A LA SURFACE DES LACS

M. le professeur Deiche a publié de très-curieuses observations [1] sur la manière dont se forme la glace à la surface des grands lacs, et sur les crevasses qui se produisent dans ces masses d'eau congelée.

Nous avons déjà dit que la glace présente une structure variable, et qu'en général elle possède une texture lamelleuse ou une texture granuleuse. Quand l'eau d'un bassin d'eau douce se congèle à l'abri de toute agitation, on voit se former près du bord des aiguilles qui s'accolent et produisent des plaques, lesquelles, en se rejoignant, finissent par recouvrir la surface entière d'une couche de glace.

[1] *Annales de Physique et de Chimie* de Poggendorf, janvier 1864.

Dans l'eau salée, les sels dissous se séparent sous l'influence de la congélation, qui commence par la production de glaçons flottants, dont la réunion constitue un banc de glace. La congélation se produit dans des conditions analogues au milieu des lacs d'eau douce, quand ils sont fortement agités. La surface gelée est alors couverte d'aspérités, tandis qu'elle est lisse si elle s'est formée au milieu du calme. Lors du dégel, la glace des rivières, des fleuves ou des mers, au lieu de se résoudre en grains comme la glace des glaciers, se rompt de préférence en fragments de grandeurs variables.

Pendant le rigoureux hiver de 1860-61, les lacs de la Suisse furent couverts pendant près de deux mois, de janvier à mars, d'une épaisse couche de glace. M. Deiche mit à profit cette occasion exceptionnelle pour étudier, sur le lac d'Untersée, les crevasses et les fissures de la glace. Ces deux sortes de fentes diffèrent en ce que dans les fissures, moins longues et moins larges, les surfaces des parties séparées conservent la même hauteur, tandis que dans les crevasses, dont les dimensions sont toujours très-considérables, ces surfaces sont situées à des hauteurs inégales. La direction des crevasses est presque toujours parallèle à l'axe longitudinal du lac, ce qui n'arrive pas pour les fissures, qui se manifestent dans tous les sens. Les déchirements qui produisent ces solutions de continuité sont la plupart du temps accompagnés d'un mouvement de la surface glacée, semblable aux vibrations des tremblements de terre, et l'on entend aussi en même temps, au-dessous de cette surface, comme le mugissement d'un vent d'orage mêlé à de sourdes détonations. Dans les nuits froides, et notamment lorsque les crevasses regèlent, ces bruits se font aussi entendre. M. Deiche cite les exemples suivants :

Le 28 janvier 1861, le phénomène eut son maximum d'intensité. Les bruits de tonnerre, les craquements et les sifflements se prolongèrent pendant près de douze heures ; l'air était calme et il y avait un fort brouillard. Les anciennes crevasses avaient été fermées par suite du regel, et le bruit ne commença à cesser que lorsque la surface se rompit en diverses places, et livra passage à l'eau. — Le 1er et le 2 février; entre huit et dix heures du matin, on entendit encore un violent bruit, accompagné de mugissements au-dessous de la glace. Le 3 et le 5, les mêmes bruits se produisirent simultanément sur les lacs de Zeller, de Mündel et de Markelfinger.

Crevasses sur les lacs.

Ces phénomènes concordent d'ordinaire avec un abaissement de la température, et se manifestent toujours lorsque les crevasses sont fermées par le regel. Les pêcheurs et les bateliers désignent ces crevasses par le nom de *blessures de la glace*, et, lorsque l'eau est poussée à la surface, ils disent que la glace saigne. Ils attribuent les mouvements et les détonations que nous venons de décrire à la dilatation de la glace et aux courants d'air qui s'établissent au-dessous d'elle, l'eau, comme un corps vivant, ayant besoin, selon eux, d'air pour se nourrir. Ce préjugé a pour point de départ les phénomènes de l'acte respiratoire chez les animaux aquatiques, qui, dans l'accomplissement de cet acte, consomment beaucoup d'oxygène et expirent de l'acide carbonique et de l'azote. L'eau ne pouvant dissoudre la totalité de ces gaz irrespirables, qui ne trouvent pas d'issue à la surface intérieure de la glace, ils peuvent produire par leur accumulation les vibrations et les bruits violents qui précèdent ou accompagnent l'apparition des crevasses. Dans les régions où l'absorption de l'air et l'expulsion des gaz se fait en partie par l'effet d'un courant, les crevasses ne se produisent point ; mais les pêcheurs pratiquent alors des ouvertures dans la glace, pensant qu'elles sont nécessaires pour que le poisson ne souffre pas.

En résumé, M. Deiche, expliquant les préjugés traditionnels transmis parmi les pêcheurs sur la nécessité des crevasses, croit qu'il faut les attribuer à des changements de température et à l'action des gaz comprimés, ces ruptures de la glace sur les lacs devant servir à rétablir l'équilibre détruit par la congélation de leur surface.

HIVERS RIGOUREUX. — RÉSISTANCE DE LA GLACE

Dans les hivers les plus rigoureux, l'épaisseur de la glace à la surface des mers intérieures, des lacs et des fleuves, devient telle qu'elle peut supporter les plus grands poids. Nous citerons quelques exemples de cette résistance, due à des froids excessifs.

En l'an 400, la mer Noire fut entièrement gelée. — En

821 des chariots pesamment chargés purent traverser le Danube, l'Elbe et la Seine sur la glace pendant plus d'un mois. — En 859, la mer Adriatique gela de telle sorte, qu'on pouvait aller à pied de la terre ferme à Venise. En 1325, les voyageurs à pied ou à cheval allaient sur la glace du Danemark à Lubeck et à Dantzig. En 1458, le Danube s'étant glacé de l'un à l'autre bord, une armée de quarante mille hommes y campa sur la glace. En 1657, Charles X, roi de Suède, fit passer de Fionie en Zélande, sur la glace, toute son armée, la cavalerie, l'artillerie, les caissons, les bagages, etc. — En 1740, la Tamise fut totalement prise. Le peuple de Londres construisit sur la glace une cuisine spacieuse, dans laquelle on fit rôtir un bœuf entier. — En 1794, les Français s'emparèrent de la Hollande, sous le commandement de Pichegru, à la faveur des glaces. Un détachement de cavalerie traversa le Texel, et fit la flotte hollandaise prisonnière.

En Norwége, où pendant une grande partie de l'année le sol est couvert d'une couche de neige glacée, le gouvernement a jugé nécessaire de faire adopter l'usage du patin à un régiment particulier de son armée, qui porte le nom de *régiment des patineurs*. Les soldats de ce régiment traversent avec une étonnante agilité les lacs et les rivières glacées, et y exécutent mille évolutions difficiles. Armés d'un fusil léger suspendu à l'épaule par une courroie et d'une épée-poignard, ils sont en outre munis d'un bâton ferré semblable à celui dont on se sert en Suisse pour visiter les glaciers. C'est à l'aide de ce bâton qu'ils se mettent en mouvement, accélèrent ou ralentissent leur course, et se tiennent en équilibre ; lorsqu'ils veulent s'arrêter, ils l'enfoncent profondément dans la neige, et en faisant feu ils s'en servent comme d'un point d'appui.

Dans les régions du Nord, toutes les voies de communi-
cation, excepté les chemins battus, seraient souvent fermées, si les habitants de ces contrées ne se servaient de
patins. Mais l'art de patiner n'est pas seulement pour eux
une nécessité souvent impérieuse, c'est aussi un amuse-
ment et un exercice gymnastique, en usage d'ailleurs
dans toute les parties de l'Europe septentrionale où la
gelée est assez forte pour donner une solidité suffisante
aux surfaces glacées.

L'exercice du patin est très-commun dans les villes d'Allemagne, et nous citerons à ce sujet un intéressant passage
des Mémoires de Gœthe : — « ... Certes, c'est à juste
titre que Klopstock a recommandé cet emploi de nos forces, qui nous remet en rapport avec l'heureuse activité de
l'enfance, excite la jeunesse à déployer sa souplesse et son
agilité, et tend à reculer l'âge de l'inertie. Nous nous
livrions à ce plaisir avec passion. Un jour entier passé à
courir sur la glace ne nous suffisait pas ; nous prolongions
notre exercice fort avant dans la nuit, à la clarté de la
lune. Car, si les autres efforts trop longtemps continués
fatiguent le corps, celui-ci, au contraire, semble lui donner plus d'élan et de force.

« Comme des adolescents dont les facultés intellectuelles ont déjà fait de grands progrès, oublient tout pour
les plus simples jeux de l'enfance, dès qu'ils en ont une
fois repris le goût, nous semblions dans nos ébats perdre
entièrement de vue les objets plus sérieux qui réclamaient
notre attention. Ce furent cependant cet exercice, cet
abandon à des mouvements sans but, qui réveillèrent en
moi des besoins plus nobles trop longtemps assoupis, et
je dus à ces heures, qui semblaient perdues, le développement plus rapide de mes projets poétiques. »

LES DÉBACLES

Lorsqu'à la suite d'un changement soudain de température, le dégel produit la rupture subite des glaces dont se trouve couverte la surface des fleuves et des rivières, les fragments charriés par le courant s'accumulent, et finissent par former des masses énormes qui produisent souvent de grands désastres. Ainsi, après le rude hiver de 1408, le dégel, qui commença le 27 janvier, causa des ravages affreux par le débordement des rivières. A Paris, lorsque la glace se rompit, on vit se mettre en mouvement et flotter un seul glaçon de trois cents pieds de long. Il y avait alors beaucoup de maisons construites sur les ponts, qui furent tous violemment attaqués. Le pont de bois joignant le Châtelet, et le pont Saint-Michel, appelé alors le Pont-Neuf, furent renversés. Heureusement il ne périt personne, parce que la chute des ponts et des maisons, qu'on redoutait, eut lieu pendant le jour.

On se rappelle encore les dévastations produites par les grandes débâcles de 1831. Sur le Rhin, la Loire, la Seine et la plupart de leurs affluents, plusieurs ponts furent entièrement détruits, et sur beaucoup d'autres, qui menaçaient ruine, la circulation fut longtemps interrompue.

Le naturaliste Audubon décrit ainsi la débâcle des glaces sur le Mississipi : — « En remontant un jour le Mississipi, au-dessus de sa jonction avec l'Ohio, je trouvai la navigation interrompue par les glaces. Cela me contrariait beaucoup, mais je n'avais d'autre parti à prendre que de charger mon pilote, qui était un Français du Canada, de nous conduire en lieu convenable pour établir nos quartiers d'hiver. C'est ce qu'il fit, en nous choisissant un endroit où le fleuve décrivait une grande courbe appelée *Tawapatee-Bottom*. Les eaux étaient extraordinairement basses, le thermomètre indiquait un froid excessif, la neige enveloppait la terre, des nuages obscurcissaient le ciel ; et comme toutes les apparences nous interdisaient pour le moment l'espoir de continuer notre voyage, nous nous mîmes tranquillement à l'œuvre. Notre grand bateau à quille fut amarré tout près du bord, et la cargaison ayant été mise en sûreté dans les bois, nous fîmes sur l'eau un abatis de gros troncs, que nous disposâmes autour de notre embarcation, de manière à la garantir de la pression des masses de glaces flottantes. En moins de deux jours, nos provisions, notre bagage et nos munitions étaient déposés en tas sous l'un des magnifiques arbres de la forêt ; nous étendîmes nos voiles par-dessus, et un véritable camp s'éleva dans la solitude. Mais comme tout nous semblait sombre et menaçant ! Si nous n'avions pas eu en perspective le plaisir que promettait à notre esprit la contemplation de cette nature pourtant si sauvage, il aurait bien fallu nous résigner à passer le temps dans le triste état où sont réduits les ours durant leur hibernation. Toutefois, nous ne tardâmes pas à trouver de l'occupation et des ressources ; les bois étaient remplis de gibier qui venait rôder jusqu'aux alentours de notre camp, tandis que sur la glace, qui maintenant joignait les deux rives du vaste fleuve, s'étaient installées des troupes de cygnes, objet de convoitise pour les loups affamés dont nous prenions plaisir à les voir déjouer l'attaque désespérée. C'était un spectacle curieux d'observer ces blancs oiseaux, tous accroupis sur la glace, mais attentifs à chaque mouvement de leurs insidieux ennemis. Que l'un de ces derniers se hasardât à approcher, même à cent mètres, aus-

sitôt, poussant leur cri d'alarme, qui retentissait comme
le son de la trompette, les cygnes étaient debout, étendaient leurs larges ailes, faisaient, en courant, quelques
pas sous lesquels résonnait la glace, avec un bruit
semblable au lointain roulement du tonnerre à travers les
bois ; et enfin ils s'envolaient d'un air de triomphe, laissant les loups tout mortifiés et contraints d'imaginer
d'autres ruses pour satisfaire les pressants besoins de leur
appétit,

« ..... Nous étions là depuis six semaines ; les eaux
avaient toujours été baissant, et, couché sur le flanc,
notre bateau était resté complétement à sec. Sur les deux
rives du fleuve, les glaçons amoncelés formaient de véritables murailles. Chaque jour, notre pilote venait voir
quel était l'état des choses, et s'assurer par lui-même s'il
n'y avait pas d'apparence de changement. Une nuit
nous dormions tous d'un profond sommeil, sauf lui, qui
se leva subitement en criant de toutes ses forces : La débâcle, la débâcle ! au bateau ! garçons, prenez vos haches, et vite, ou tout est perdu ! Réveillés en sursaut et
nous précipitant, comme si nous eussions été attaqués par
une bande de sauvages, nous courûmes pêle-mêle au rivage. En effet, la glace se rompait avec un fracas semblable aux détonations d'une pesante artillerie ; et comme
les eaux s'étaient soudainement gonflées, par suite du
débordement de l'Ohio, les deux fleuves se heurtaient l'un
contre l'autre avec fureur. Des masses congelées, se détachant par larges fragments, se levaient un moment presque
droites, pour retomber avec un bruit épouvantable et
plonger au milieu des ondes écumantes. Nous étions
extrèmement étonnés de voir que le temps qui, la veille
au soir, était calme et à la gelée, venait de tourner au
vent et à la pluie. L'eau ruisselait par toutes les fissures

14

de la glace ; c'était un spectacle à faire perdre courage. Quand le jour vint l'éclairer, il nous parut encore plus redoutable et plus étrange. Toute la masse des eaux était dans une agitation violente ; la glace qui la recouvrait naguère flottait à la surface par petits fragments ; et bien qu'entre chacun d'eux il y eût à peine l'espace d'un pied, l'homme le plus téméraire n'eût osé s'aventurer à faire un pas dessus. Notre bateau était dans un danger imminent. Les arbres qu'on avait placés autour pour l'abriter avaient été coupés ou broyés, et leurs débris battaient le frêle esquif ; impossible de le remuer. Alors notre pilote nous employa tous à ramasser de grosses brassées de roseaux qu'on laissait tomber le long de ses flancs. Et, fort heureusement, avant qu'ils fussent anéantis par le choc, l'embarcation se retrouva à flot et put se mettre en mouvement, soutenue sur ces sortes de bouées. Désormais plus tranquilles, nous promenions nos regards sur cette scène grandiose, lorsqu'un horrible craquement se fit entendre, paraissant venir d'environ un mille plus bas, et tout à coup l'immense digue que formait la glace céda : le courant du Mississipi s'était fait passage en refoulant l'Ohio, et en moins de quatre heures la débâcle était complète [1]. »

INONDATIONS. — POUVOIR DE TRANSPORT DES GLACES FLOTTANTES — BANCS DE GLACE

Dans l'hémisphère septentrional, et pour les fleuves qui coulent du sud au nord, la débâcle, on le comprend, se produit d'abord dans la partie supérieure de leur cours.

[1] *Scènes de la Nature;* traduit par Eugène Bazin. Paris, 1857.

Blocs erratiques du Saint-Laurent.

Il arrive alors souvent que les grands fragments de glace
entraînés par les eaux atteignent des parties du courant
qui sont encore gelées, et des inondations considérables
sont occasionnées par l'obstacle qui se forme au point de
rencontre. Lyell [1] cite un engorgement partiel de ce genre
qui eut lieu dans la Vistule, le 31 janvier 1840. Arrêtée
par des glaces empilées à un mille et demi au-dessus de la
ville de Dantzig, la rivière fut forcée de suivre un nouveau
cours sur sa rive droite, et se creusa en peu de jours, à
travers des collines sablonneuses de 12 à 18 mètres
de haut, un lit profond et large de plusieurs lieues de
longueur.

Dans le Canada, où divers tributaires du Saint-Laurent
commencent aussi à dégeler dans les mêmes conditions,
on voit de grandes plaques de glace s'empiler au-dessus
de celle qui n'a point été rompue, et former de hautes
piles de fragments gelés ensemble, qui bientôt sont mises
en mouvement par la force des eaux. Ces masses emportent les ponts, détruisent les quais, arrachent et entraînent
les roches situées sur les deux rives. Dans certaines
parties du Saint-Laurent, ces blocs erratiques s'accumulent après chaque hiver, et forment des amas dont la gra-
vure ci-jointe, représentant une vue prise au Richelieu
Rapid, donnera une idée. L'un des blocs déposés sur ce
point ne pèse pas moins de 70 tonnes.

Les effets produits par la gelée ne sont pas moins remarquables dans l'estuaire du Saint-Laurent, au-dessous
de Québec. En ce point, où la température descend quelquefois jusqu'à 34° cent., d'épaisses plaques de glace se
forment au moment de la basse mer. Lorsqu'ensuite la mer
monte, ces plaques sont soulevées et jetées sur les hauts

---

[1] *Principes de Géologie.*

fonds qui bordent l'estuaire. Quand la marée se retire, la congélation donne lieu à l'agglomération des fragments détachés de roche ou de glace en contact avec les plaques, et ces masses sont ensuite entraînées vers la mer par une haute marée, ou par les eaux des fleuves grossies, au printemps, par la fonte des neiges.

Dans les régions polaires, où les glaciers descendent jusqu'à la mer, d'énormes fragments couverts de débris de roches en sont fréquemment détachés, et ces masses flottantes deviennent des iles de glace (*ice bergs*) dont M. Ch. Martins décrit ainsi la formation : « Au Spitzberg, le glacier, après un trajet plus ou moins long, arrive à la mer. Quand le rivage est rectiligne, il ne le dépasse pas ; mais, au fond d'une baie dont le rivage est courbe, il continue à progresser en s'appuyant sur les côtes de la baie et en s'avançant au-dessus de l'eau qu'il surplombe. On le conçoit aisément. En été, l'eau de la mer, au fond des baies, est toujours à une température un peu supérieure à zéro : le glacier fond au contact de cette eau, et, quand la marée est basse, on aperçoit un intervalle entre la glace et la surface de l'eau. Le glacier n'étant plus soutenu s'écroule partiellement ; des blocs immenses se détachent, tombent à la mer, disparaissent sous l'eau, reparaissent en tournant sur eux-mêmes, oscillent pendant quelques instants, jusqu'à ce qu'ils aient pris leur position d'équilibre. Ces blocs détachés des glaciers forment les glaces flottantes. Deux fois tous les jours, à la marée basse, au fond de Bell-Sound et de la Magdalena-Bay, nous assistions à cet écroulement partiel de l'extrémité des glaciers. Un bruit comparable à celui du tonnerre accompagnait leur chute; la mer, soulevée, s'avançait sur le rivage en formant un raz de marée; le golfe se couvrait de glaces flottantes qui, entraînées par le jusant, sortaient comme des flottes de la

Bancs de glace.

baie pour gagner la pleine mer, ou bien échouaient çà et
là sur le rivage, dans les points où l'eau n'était pas profonde. Ces glaces flottantes n'avaient guère plus de 4 à 5
mètres de hauteur au-dessus de l'eau, car les quatre cin-
quièmes d'une glace flottante sont immergés dans l'eau.
Les glaces flottantes de la baie de Baffin sont beaucoup
plus élevées : elles dépassent quelquefois la mâture des
navires; mais dans cette baie la température de la mer est
au-dessous de zéro, le glacier ne fond pas au contact de
l'eau, il descend dans le fond de la mer, et les portions qui
s'en détachent sont plus hautes de toute la partie immer-
gée qui, dans les baies du Spitzberg, est détruite par la
fusion [1]. »

Pour donner une idée de la grandeur du phénomène
dont nous venons d'indiquer l'origine, nous dirons que,
sous les 69e et 70e degrés de latitude nord, Scoresby
compta cinq cents de ces montagnes flottantes, qui s'élevaient de 30 à 60 mètres au-dessus de la surface de la mer,
et dont la circonférence variait entre quelques mètres et
un mille. Plusieurs d'entre elles étaient chargées de couches de terre et de fragments de roches d'un tel volume
que leur poids fut évalué de cinquante mille à cent mille
tonnes.

Les distances auxquelles les bancs de glace se rapprochent de l'équateur sont différentes des deux côtés opposées de la ligne. Dans l'hémisphère nord, leur limite ne
dépasse pas le 40e degré de latitude. On les rencontre
quelquefois près de l'extrémité du grand banc de Terre-
Neuve et vers les Açores. Dans l'hémisphère sud, ils avancent jusqu'au 39e et 56e degré à la hauteur du cap de
Bonne-Espérance. Une des glaces flottantes rencontrées

[1] *Du Spitzberg au Sahara.*

dans ces parages, et représentée dans la figure de la page 229, avait 2 milles de circonférence et 46 mètres de hauteur. D'autres bancs, qui s'élevaient de 76 à 91 mètres environ au-dessus de la surface de la mer, indiquaient aussi une masse énorme, chaque mètre cube de glace qui dépasse le niveau de l'Océan correspondant à 8 mètres cubes au-dessous.

Lyell observe très-justement que, si les îles de glace descendant des régions polaires boréales s'avançaient jusqu'à des latitudes aussi basses, le climat d'une partie de l'Europe méridionale subirait de grandes modifications, et bientôt les brumes et les nuages remplaceraient le beau ciel de ces régions privilégiées. Ajoutons que des étés froids et pluvieux, tels que ceux de 1816 et de 1866, ont pu être attribués par les météorologistes à une grande débâcle des glaces polaires, descendues plus avant et en plus grand nombre dans l'Atlantique nord.

GLACIERS DE LA TERRE-DE-FEU

Suivant M. de Buch, le point le plus méridional où, en Europe, les glaciers descendent jusqu'à la mer, est en Norwége, sous le 67e degré de latitude. Dans l'Amérique du Sud, M. Darwin a constaté que ce même point se rencontre à 20° plus près de l'équateur. Cette différence tient d'abord à la position insulaire de l'Amérique méridionale, condition très-favorable, comme nous l'avons déjà dit, à la formation de la vapeur d'eau et des neiges ; — ensuite à la présence du courant froid connu sous le nom de courant de Humboldt, qui longe la côte de la Terre-de-Feu et remonte jusqu'à la latitude sud de 38°, rafraîchissant les climats du Pérou et du Chili. L'étendue considérable des glaciers sur la grande chaîne de montagnes qui s'étend des Cordillères au cap Horn a depuis longtemps fixé l'attention des voyageurs. Avant de montrer les relations de ce phénomène remarquable avec les transports des glaces flottantes, nous citerons une pittoresque description des glaciers de la Terre-de-Feu :

« Lorsqu'on traverse les détroits qui bornent la Terre-de-Feu au sud, on est frappé d'admiration en présence de ces montagnes (le mont Darwin et le Sarmiento), dont les sommets les plus élevés atteignent les hauteurs énormes de 2,130 mètres et de 2,073 mètres au-dessus du niveau de la mer. La hauteur moyenne de la chaîne qui s'étend du nord-ouest au sud-est est de 1,000 à 1,200 mètres. Ces montagnes sont couvertes de neige à leur partie supérieure, et leur partie inférieure est cachée par d'épaisses forêts, au travers desquelles des cascades écumantes versent les eaux qui proviennent de la fonte des neiges. Dans les parties qui correspondent aux vallées, d'immenses glaciers descendent jusqu'à la mer, et viennent y verser des masses énormes de glace et des blocs de granit ou d'autres roches cristallisées, détachées des sommets de la chaîne. Ces magnifiques glaciers, qui se distinguent par leur couleur bleue des neiges perpétuelles indiquées par une teinte blanc mat, descendent des vallées ou des cirques supérieurs jusqu'à la mer, où ils viennent plonger. Çà et là on voit s'échapper des torrents d'eau glacée, qui brillent au milieu des forêts sombres dont les parties inférieures des montagnes sont couvertes [1]. »

Ces forêts sont très-belles, comme toutes celles des ter-

---

[1] *Voyage au pôle Sud ;* exécuté sous le commandement M. Dumont-d'Urville; publié sous la direction de M. Jacquinot, capitaine de vaisseau. — *Géographie physique ;* par M. J. Grange.

res magellaniques, remarquables par la puissance de végétation qui caractérise les climats insulaires. Dans la
presqu'ile de Brunswick, des fuchsias et des véroniques arborescentes fleurissent à une très-petite distance des glaciers. Les parties occidentales des terres de Chiloé, entre
le 38ᵉ et le 35ᵉ degré, sont couvertes de forêts magnifiques
dont les arbres atteignent des dimensions extraordinaires
et qui rivalisent avec les forêts intertropicales. La présence
de cette flore de latitudes plus tempérées et d'une faune
correspondante indique des conditions climatologiques qui,
jointes à la disposition des terres, expliquent l'extension
exceptionnelle des glaciers de l'Amérique méridionale.
Tous les navigateurs qui ont exploré ces parages parlent
des brumes incessantes, des bourrasques accompagnées
de grains de pluie et de neige, qu'y amènent les vents du
sud. La comparaison des glaciers dans les divers climats
a d'ailleurs montré que la limite des neiges perpétuelles
présente la plus grande hauteur dans les climats conti-
nentaux, et la moindre dans les climats insulaires et pé-
ninsulaires.

L'appui que ces observations viennent prêter aux idées
de M. Tyndall est évident, et nous regrettons de ne pouvoir qu'indiquer ce remarquable rapprochement entre sa
théorie et l'étude des phénomènes actuels. Nous aurons
toutefois à donner encore quelques détails intéressants
sur le même sujet, en comparant le terrain erratique de
l'Amérique du Sud à celui du nord de l'Europe.

DÉPOTS ERRATIQUES

Les immenses glaciers qui, depuis le 46ᵉ degré de latitude
jusqu'au cap Horn, descendent vers l'Océan par les gran-

des vallées des Cordillères, présentent souvent, comme
dans les mers du Nord, un mur perpendiculaire au-dessus
du niveau de la mer. Ces glaciers y jettent alors des masses considérables de glaces, qui transportent au loin les
blocs provenant des moraines. Dans le détroit de Eyres,
où les glaciers ont un développement énorme, on a vu à
la fois cinquante glaciers flottants, et l'un d'eux avait
jusqu'à 51 mètres de hauteur au-dessus des eaux. Plusieurs de ces glaciers étaient chargés de grands blocs de
roche et de débris arrachés aux parois des vallées. Nous
avons dit la prodigieuse quantité de débris transportés par
les glaciers de la Suisse. On imaginera facilement ce que
doit être ce transport pour des glaciers dont la puissance
n'est pas moindre, et qui s'étendent sur une chaine de
montagnes de 250 lieues. La plupart de ces glaciers descendant au niveau de la mer, c'est par les glaces flottantes
que sont principalement transportés les débris. Ainsi, par
exemple, on trouve dans l'île de Chiloé, qui fait face aux
Cordillères, comme le Jura fait face aux Alpes, un grand
nombre d'énormes fragments de granit, qui ont probablement traversé la mer sur des masses de glace détachées
des glaciers de la côte. Pour donner une idée de la distance à laquelle ces transports peuvent s'opérer, nous citerons le fait suivant, rapporté par Lyell: « Dans un voyage
de découvertes, fait en 1839 aux régions polaires antarctiques, on a vu, par 61° de latitude sud, une masse angu-
laire de roche d'une couleur très-foncée, enchâssée dans
un champ de glaces flottant au large. La partie visible de
cette roche avait 3 mètres environ de hauteur sur 1 mètre de largeur, mais la teinte rembrunie de la glace envi-
ronnante indiquait qu'une plus grande portion de la pierre
était cachée sous l'eau. Ce champ de glaces, avec lequel
plusieurs autres furent observés le même jour, avait de

76 à 91 mètres de haut, et n'était pas à moins de 500
lieues environ de toute terre connue. Il est très-peu probable, dit M. Darwin dans sa notice sur ce phénomène, que
l'on découvre jamais aucune terre à 100 milles du point où
ce champ de glace fut aperçu, et, le bloc erratique étant encore fixé d'une manière très-solide dans la glace, l'on peut
inférer qu'il dut parcourir plusieurs lieues de plus avant
de tomber au fond de la mer.

Les masses si considérables de blocs et de débris que
l'on trouve sur le rivage occidental de l'Amérique du Sud
ne proviennent pas seulement des glaciers actuels. Comme
les vallées suisses, les vallées des Cordillères ont gardé
les traces de l'ancienne extension des glaciers, qui autrefois sans doute ont couvert toute la côte. C'est à des glaciers primitifs qu'il faut surtout attribuer l'origine du dépôt erratique, qui s'est formé sous les eaux à une époque
antérieure au soulèvement de la partie méridionale du
continent de l'Amérique. La chaîne des Cordillères, isolée
dans l'Océan, formait alors une série de cimes élevées dont
les pentes étaient baignées par la mer, et se trouvait ainsi
dans les conditions les plus favorables au développement
des glaciers. Des masses énormes de graviers, de cailloux
roulés et striés, de blocs erratiques ont été alors transportées au loin vers l'équateur par les glaces flottantes,
et ce dépôt considérable, qu'on trouve aujourd'hui sur les
terrains émergés, indique par sa diminution progressive
et son rapprochement du point d'origine, le lent soulèvement du sol à la suite duquel les glaciers perdirent de
leur importance et entraînèrent à la mer une moindre
quantité de débris.

La formation erratique du nord de l'Europe présente
une grande ressemblance avec celle de l'Amérique méridionale. A l'époque où l'Océan baignait les pentes des Al-

pes scandinaves, dont les sommets ne formaient qu'un archipel, des conditions hygrométriques favorables ont aussi amené dans cette région l'accumulation des neiges, l'extension des glaciers, le transport des blocs par les glaces flottantes et le dépôt du terrain erratique sous les eaux. La vaste mer qui recevait ce dépôt s'étendait à l'est jusqu'au pied de l'Oural, au sud-est sur les plateaux de Moscou, au sud vers les montagnes du Harz, et, couvrant ainsi la Russie, la Pologne, la Prusse, la Danemark et les Pays-Bas, embrassait encore une partie de l'Angleterre. Le rivage de cette mer, suivant les travaux de MM. Elie de Beaumont, de Verneuil et Durocher, est indiqué par la limite méridionale des blocs erratiques, qui forme une immense demi-circonférence dont Stockholm serait le centre et qui aurait pour rayon la distance de Stockholm à Moscou. Les blocs de ce dépôt, venus du Nord et transportés par des glaces flottantes, sont disposés par zones concentriques. Les géologues qui ont publié des travaux sur cet important phénomène l'attribuent à diverses causes que nous examinerons bientôt. Il suffit maintenant d'avoir indiqué la contemporanéité de la formation erratique avec la période glaciaire, et la similitude des phénomènes produits avec ceux que l'on observe encore aujourd'hui sur tous les points du globe où de puissants glaciers descendent des montagnes.

FORMATION ET ASPECT DES GLACES FLOTTANTES. — BANQUISES

Les mots *glaces flottantes* indiquent ordinairement, dans les mers polaires, des glaces mobiles du volume d'un navire. Les *îles de glace* sont des masses isolées d'une grande

étendue. Le mot *champ de glace* (*field of ice*) est employé
par les navigateurs anglais pour désigner de grandes plaines de glace parfaitement unies de 1 à 3 mètres d'élévation. On en a vu de 100 milles de longueur sur une largeur de plus de 40 milles. Le mot *banquise*, adopté par
Dumont-d'Urville, répond au *champ de glace* des Anglais;
mais l'élévation moyenne de ces barrières impénétrables
est plus considérable, et atteint quelquefois, spécialement dans le voisinage des terres, des hauteurs de 50 à 50
mètres. Enfin le mot anglais *hummoch* s'applique aux glaces irrégulières dont les formes bizarres attirent l'attention et qui s'élèvent souvent à de très-grandes hauteurs.

On distingue au simple aspect les glaces d'eau de mer
et les glaces d'eau douce. Les premières sont poreuses,
opaques, blanches, et transmettent la lumière avec des
teintes bleuâtres ou verdâtres. Les glaces qui proviennent
des glaciers des côtes présentent de belles couleurs ver-
tes et sont souvent aussi pures que le cristal. La densité
des glaces flottantes est variable, suivant leur provenance
et leur mode de formation. Il en résulte que leur rapport
de flottaison varie aussi entre 1/9 pour le maximum de
densité, et 1/7 pour le minimum. Dans le premier cas, une
glace de 9 mètres d'épaisseur ne s'élèverait que de 1 mètre au-dessus du niveau de la mer; dans le second de
1^m,28.

Des plateaux de glace peuvent se former à la surface
de la mer, à une grande distance des terres. Plusieurs
navigateurs ont vu cette transformation s'opérer sous
leurs yeux, et Scoresby en a décrit les différentes phases : — « J'ai souvent observé, dit-il[1], les progrès de la
congélation depuis la première apparence des cristaux

---

[1] *An account of the arctic regions.*

Île de glace (hémisphère sud).

15

jusqu'à ce que la glace eût atteint une épaisseur de plus d'un pouce, sans que la terre pût en rien aider à sa formation ; souvent, là où la vieille glace ayant été chassée par les courants ou par les vents d'est, les terres situées à l'Ouest avaient empêché de nouvelles glaces de prendre leur place.

« J'ai vu la glace se former à plus de 20 lieues du Spitzberg, et acquérir rapidement une consistance capable d'arrêter les mouvements d'un navire poussé par une bonne brise, même lorsqu'elle était exposée aux vagues de l'océan Atlantique, au milieu de la mer du Groënland, sous le 72e degré de latitude.

« Lorsque les premiers éléments de glace paraissent à la surface de la mer sous la forme de petits cristaux isolés, et qui ressemblent à de la neige que de l'eau très-froide ne pourrait fondre, les marins l'appellent *sludge* (tache) ; la houle s'apaise comme si on eût couvert les flots d'une couche d'huile. Les cristaux s'unissent entre eux pour former des noyaux plus volumineux, et même sous l'influence des vagues ils acquièrent des volumes de 3 à 4 pouces de diamètre. Ces petits glaçons, constamment heurtés les uns contre les autres, s'arrondissent, se relèvent par leurs bords, s'unissent, et présentent bientôt de petits plateaux d'un pied d'épaisseur et de plusieurs mètres de circonférence ; on les nomme alors *pancake* ; et si on vient à examiner ces *pancakes*, on voit qu'ils ont la forme d'un pavé. Dès que la houle a complétement cessé, ces divers glaçons s'unissent et forment des champs immenses.

« Lorsque la mer n'est pas agitée, les progrès de la congélation sont très-rapides. La glace augmne par la partie inférieure, atteint souvent une épaisseur de 2 à 3 pouces en vingt-quatre heures, et peut soutenir le poids

d'un homme en moins de quarante-huit heures. Ces plateaux de nouvelle formation sont nommés par les marins
anglais *young ice, bay ice*, jeunes glaces. »

Bientôt de nombreuses couches de neige viennent s'a-
jouter à leur surface ; ils augmentent encore et finissent
par former les immenses plaines de glace que les baleiniers rencontrent au printemps dans les mers du Nord.

Ces glaces flottantes n'acquièrent une grande épaisseur
que lorsqu'elles restent accidentellement fixées sur les
côtes, à une latitude où des circonstances hygrométriques favorables amènent la chute d'une grande quantité
de neige, qui se condense à leur surface et se réduit en
névé au printemps. C'est ainsi que s'élèvent, pendant une
longue série d'hivers, les masses énormes, régulièrement
stratifiées, qui conservent leurs caractères d'horizontalité, et ont en général des formes qui se rapprochent du
parallélipipède. Ces masses, qui ont souvent 50 à 60 mètres d'élévation et 2 ou 5 milles de longueur, paraissent
toujours être les débris d'un immense plateau, divisé en
parties de même hauteur. Les magnifiques champs de
glace qui couvrent les mers du Groënland et les banquises du continent austral ont sans doute cette origine, qui
seule permet d'expliquer leur hauteur uniforme et leur
horizontalité.

Les masses qui se détachent des glaciers dont la partie
inférieure plonge dans la mer sont infiniment moins considérables et affectent les formes les plus irrégulières.
Des excavations, des voûtes, des arches sont creusées par
l'action de la lame sur le front de ces glaciers, et le même
effet se produit sur les masses flottantes. Lorsque la température de la mer s'élève, la base entre en fusion, et
bientôt, sous le choc des lames, la masse s'écroule et chavire en élevant vers le ciel les aiguilles, les colonnes, les

Glaces flottantes.

pilastres, les tourelles, qui seules sont restées de la partie inférieure détruite.

La forme et la dimension des glaces flottantes sont infiniment variables. « Leur disposition relative en lignes ou en groupes est déterminée par les vents, par les courants, par toutes les variations d'un ciel orageux. Tantôt elles présentent des champs immenses de 1 à 5 mètres de hauteur : ce sont des plaines parfaitement nivelées et couvertes de neige ; tantôt un front de blocs énormes, de 10 à 50 mètres, formant une côte continue, une banquise impénétrable, offrant tous les accidents des falaises d'un rivage montagneux. Plus au large, ces banquises, ces champs de glace se séparent en groupes ; plus loin, ce ne sont que des iles, des ilots épars.

« Ces immenses débris d'un monde inerte prennent toutes les modifications, toutes les formes, toutes les figures que l'Océan leur imprime : vastes champs unis sous un ciel tranquille, après la tempête ce sont des monceaux de ruines, que le puissant architecte a élevées dans sa colère, en brisant les glaces les unes contre les autres, et en soulevant leurs débris en monuments bizarres, en montagnes fantastiques, qui atteignent quelquefois 100 mètres de hauteur.

« Lorsque les glaces ont longtemps flotté, elles se présentent souvent sous la forme de champignons ; elles ont été profondément fouillées au niveau de leur ligne de flottaison, et de leur chapiteau descendent de grandes stalactites qui brillent de mille couleurs. Ces glaces sont ordinairement très-dures ; cependant, sous l'influence de quelques circonstances qui sont encore peu connues, elles se ramollissent, et la moindre secousse suffit alors pour les réduire en poussière. Ces phénomènes se manifestent surtout sous l'influence des vents chauds et humides.

« Les glaces flottantes qui se sont détachées des murs de glace, des banquises qui terminent les glaciers, sont ordinairement plus denses que celles formées à la surface de la mer. Leurs contours sont généralement irréguliers; elles présentent fréquemment des figures fantastiques : ce sont des édifices gothiques, des pyramides, des palais de marbre; mais le plus souvent elles ont des formes si étranges qu'on ne peut les comparer à rien; leur stratification, moins sensible et moins bien déterminée que celle des autres glaces flottantes, est parfaitement régulière; leur couleur azurée est généralement plus vive, et l'eau qu'elles donnent en fondant est assez douce pour pouvoir servir aux équipages.

« Ces fragments de glacier sont ordinairement isolés ou en groupes peu nombreux et se présentent rarement en masses uniformes, comme les débris d'un champ de glace; ils peuvent seuls offrir ces magnifiques monuments dont la hauteur et le dessin frappent les voyageurs d'étonnement et d'admiration [1]. »

Les navigateurs qui ont fréquenté les mers polaires reconnaissent à de grandes distances, par la coloration des nuages et l'éclat particulier dont brille le ciel à l'horizon, la présence des glaces flottantes. Ainsi le mot anglais *ice-blink* désigne une *blancheur* qui apparaît dans la partie de l'atmosphère située au-dessus d'une grande étendue de glace. La teinte jaunâtre du ciel indique une terre recouverte de neige et se distingue par le nom de *land-blink*. Près des banquises, les nuages sont ordinairement d'une blancheur éclatante, produite par la réflexion des rayons du soleil. Le capitaine Beechey parle « de l'aspect étrange que cette réverbération des glaces donne au ciel, où, dans

---

[1] *Voyage au pôle Sud.* Géographie physique, par M. J. Grange.

le calme d'une atmosphère argentée, semble briller une clarté surnaturelle. » Lorsque la mer est libre au delà d'une banquise, on voit à l'horizon comme une *noirceur*, et les Anglais nomment *water-sky*, *ciel d'eau*, cet aspect plus sombre du ciel polaire au-dessus de l'Océan.

La Recherche au milieu des glaces.

VII

GLACES DES RÉGIONS POLAIRES

LA BANQUISE AUSTRALE

Aucun navigateur avant Cook n'avait entrepris de pénétrer dans les régions antarctiques. Le gouvernement anglais lui avait confié la mission de faire le tour entier du globe en se tenant aussi près qu'il lui serait possible de la vue des glaces, et il accomplit cette exploration en 1775 et 1774 avec une constance et une intrépidité rarement égalées. Les sinuosités d'une banquise continue ne lui permirent d'atteindre que deux fois le parallèle de 71°15′; en un point seulement il aperçut au delà de cette barrière une suite de montagnes blanches dont les sommets se perdaient dans les nuages ; mais ce furent surtout les glaces flottantes qui, par leur nombre et leur distribution, lui révélèrent l'existence et jusqu'à un certain point la forme d'un continent situé du côté du pôle. En même temps, il crut qu'il serait à jamais impossible de l'aborder. « Les dangers, dit-il dans sa relation, que l'on courrait en voulant explorer ces mers terribles, sont tels, que personne, je pense, n'osera s'aventurer plus loin, et que les terres situées au sud du 71ᵉ parallèle resteront éternellement vierges. » Cette assertion du hardi capitaine paralysa pendant longtemps l'ardeur des marins de toutes les nations, et on arriva jusqu'au commencement de notre siècle avant d'entreprendre de nouvelles tentatives. La Russie envoya un navire commandé par Bellinghausen, qui ne s'éleva pas plus haut que Cook. Ce fut un pêcheur de phoques, l'Anglais Weddell, qui, au mois de février 1823, trouva la mer dégagée jusqu'à 74°15′ de latitude, et donna par cette découverte une vive impulsion aux esprits entreprenants. La principale instruction que reçut plus tard Dumont-d'Urville fut de s'assurer jusqu'à quel point il était possible de suivre la route indiquée par Weddell vers le pôle austral. L'expédition dont le commandement lui fut confié se composait de deux corvettes, *l'Astrolabe* et *la Zélée*, armées à Toulon au printemps de 1837. Elle ne parvint pas à retrouver l'ouverture espérée, mais elle marquera toujours une des pages les plus glorieuses de notre histoire maritime. Outre la connaissance de plusieurs terres nouvelles dont elle enrichit la géographie, elle recueillit une abondante moisson d'observations scientifiques.

Les navires, partis des îles Orkney, n'avaient pas encore atteint le 65e degré de latitude, lorsqu'il leur fallut interrompre la route vers le sud, la vigie annonçant que le passage se trouvait barré. Un immense champ de masses compactes et accumulées les unes sur les autres s'étendait en effet à toute vue du sud-ouest au nord-nord-est, en passant par le sud. On était arrivé à 2 milles de l'infranchissable banquise.

Dans ces circonstances, le commandant Dumont-d'Urville se décida à suivre l'accore des glaces, en se dirigeant vers l'est. « La brise tomba, dit-il, et nous filâmes à peine un nœud durant quatre ou cinq heures. Aussi eûmes-nous le temps de contempler tout à notre aise le merveilleux spectacle que nous avions sous nos yeux. Sévère et grandiose au delà de toute expression, tout en élevant l'imagination, il remplit le cœur d'un sentiment d'épouvante involontaire ; nulle part l'homme n'éprouve plus vivement la conviction de son impuissance. C'est un monde nouveau dont l'imagination se déploie à ses regards, mais un monde inerte, lugubre et silencieux, où tout le menace de l'anéantissement de ses facultés. Là, s'il avait le malheur de rester abandonné à lui-même, nulle ressource, nulle consolation, nulle étincelle d'espérance ne pourraient adoucir ses derniers moments.....

« Bien qu'il soit impossible de donner la description de cet étrange tableau à ceux qui ne l'ont point contemplé, essayons pourtant d'en retracer quelques traits. Jusqu'aux bornes de l'horizon, à l'est comme à l'ouest, s'étendait une plaine immense de blocs de glace, de toutes formes. entassés et confusément enchevêtrés les uns dans les autres, à peu près comme on les observe à la surface d'un grand fleuve, quand arrive le moment de la débâcle. Leur hauteur moyenne ne dépassait guère 4 ou 5 mètres ; mais sur cette plaine glacée surgissaient çà et là des blocs plus considérables dont quelques-uns atteignaient 30 à 40 mètres d'élévation, et de dimensions proportionnées. Ceux-là semblaient être les grands édifices d'une ville de marbre blanc ou d'albâtre.

« Les bords de la banquise sont ordinairement bien dessinés, et taillés à pic comme une muraille; quelquefois ils sont brisés, morcelés et forment de petits canaux peu profonds ou de petites criques où des embarcations pourraient naviguer, mais qui recevraient à peine nos corvettes. Alors, les glaces voisines, agitées par les lames, sont dans un mouvement perpétuel qui ne peut manquer d'amener à la longue leur destruction.

« La teinte habituelle de ces glaces est grisâtre. Mais s'il arrive que les rayons du soleil puissent éclairer la scène, il en résulte des effets d'optique vraiment merveilleux. On dirait une grande cité se montrant au milieu des frimats, avec ses maisons, ses palais, ses fortifications et ses clochers. Quelquefois même, on croirait avoir sous les yeux un village avec ses châteaux et ses arbres saupoudrés d'une neige légère.

« Le silence le plus profond règne au milieu de ces plaines glacées, et la vie n'y est plus représentée que par quelques pétrels, voltigeant sans bruit, ou par des baleines dont le souffle lourd et lugubre vient seul rompre par intervalles cette désolante monotonie. Aux approches de la banquise, les glaces flottantes sont nombreuses, mais elles ne sont ni réunies ni agglomérées, comme on pourrait s'y attendre dans le voisinage des glaces compactes [1]. »

---

[1] *Voyage des corvettes* l'Astrolabe *et la Zélée au pôle Sud et dans* l'Océanie, par Dumont-d'Urville.

Entrée dans la banquise.

SÉJOUR DANS LA BANQUISE

La navigation le long de la banquise présentait de grands dangers à cause des nombreuses glaces flottantes qu'on rencontrait et qu'il fallait éviter par d'habiles manœuvres. Ces dangers étaient fréquemment augmentés par d'épaisses brumes et par des averses de neige.

Toutes les fois qu'on approchait de la barrière compacte, on retrouvait à peu près le même tableau : une vaste étendue de glaces aux formes bizarres et aux couleurs variées. Quelquefois elles semblaient gris noirâtre, d'autres fois, la nuance verte plus ou moins foncée dominait, mais le plus souvent elles étaient azurées ou d'une blancheur éblouissante. Sur plusieurs points on les voyait, sur les bords de la banquise, disjointes et altérées par le dégel; on présumait qu'elles offriraient un passage, mais chaque tentative était bientôt arrêtée par un boulevard infranchissable. En s'aventurant ainsi, Dumont-d'Urville resta bloqué pendant plusieurs jours au milieu des glaces. Profitant d'un vent favorable, il avait lancé ses navires dans une ouverture apparente, évitant seulement le choc des plus gros glaçons, et broyant les autres avec l'étrave. Cette audacieuse manœuvre réussit assez longtemps ; les solides corvettes triomphaient des obstacles ; elles éprouvaient seulement des secousses si violentes que les carènes vibraient dans toutes leurs parties. La scie ajustée sur la guibre de l'*Astrolabe* se comporta d'abord assez bien; mais des abordages répétés ébranlèrent les clous qui la retenaient, et un choc plus fort que les autres la détacha complétement. La neige devint d'ailleurs si intense et si continuelle, qu'elle obligea le commandant à arrêter la marche des corvettes. Il fit serrer les voiles et prit un mouillage d'une espèce toute nouvelle, en attachant les câbles à de forts glaçons qui servirent ainsi d'ancres flottantes.

On fit les jours suivants des tentatives dans différentes directions, attaquant de nouveau les glaces à la voile, et entreprenant, dès qu'on se trouvait arrêté, un long et pénible halage. Les cordes fixées aux plus solides anfractuosités venaient s'enrouler aux cabestans, pendant que des matelots s'efforçaient de faciliter la marche en poussant les glaçons de côté.

Au milieu de si difficiles circonstances, Dumont-d'Urville alla conférer avec le commandant de *la Zélée*. « Cette visite, dit-il, eut pour moi un résultat précieux, car elle me prouva que le zèle et la constance de M. Jacquinot n'étaient point ébranlés par les périls que nous avions déjà courus et par ceux qui nous menaçaient encore. Pas une plainte, pas un regret ne lui échappèrent, et pour m'accompagner partout où je voudrais le conduire, il me témoigna la même satisfaction, le même dévouement que de coutume. D'aussi nobles sentiments ne contribuèrent pas peu à soutenir mon propre courage ; certain du concours d'un aussi digne compagnon, je me sentis capable des plus grandes efforts pour accomplir dignement ma tâche. »

De nouveaux essais furent entrepris, mais ils n'amenèrent qu'un très-faible déplacement, et les glaces se serrèrent tellement par suite des vents frais du nord qui se mirent à souffler, qu'il devint impossible de faire un mouvement quelconque. La mer libre n'était cependant pas très-éloignée, car on entendait le mugissement des vagues brisant sur les bords de la banquise, et la houle

Intérieur de la banquise (pôle Sud). — Voyage de Dumont-d'Urville.

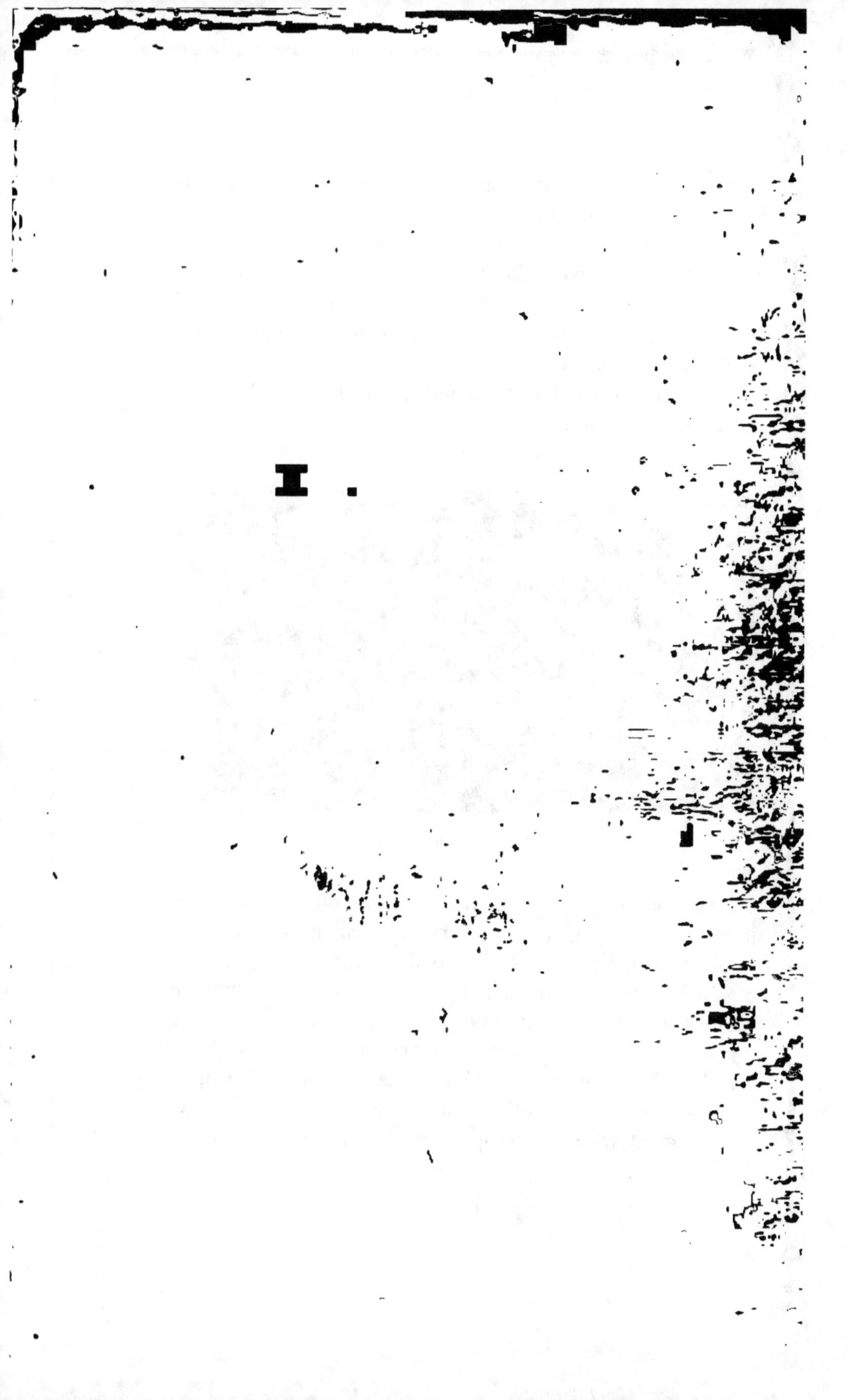
I.

était devenue assez forte pour imprimer un mouvement d'oscillation à toute la plaine glacée.

Le vent tourna heureusement le lendemain et s'établit au sud-est. On appareilla; les navires s'élancèrent avec une grande rapidité pendant quelque temps, furent arrêtés ensuite par des masses de glace trop compactes, qu'il fallut franchir en ayant recours aux amarres, reprirent bientôt leur course et virent enfin la mer libre se développer à peu de distance.

Sortie de la banquise.

« Au moment, dit Dumont-d'Urville, où nous venions de rentrer nos dernières amarres, il faillit nous arriver un accident bien triste. Je venais de donner l'ordre de *tout le monde à bord*. Tous étaient rentrés lestement; mais le maître calfat, homme actif et zélé, occupé avec les autres aux travaux à opérer hors de la corvette, était resté de l'arrière, fort souvent arrêté par les lacunes désormais laissées par les glaces. Il courait, il sautait de son mieux; mais souvent des fossés trop larges l'obligeaient à faire de grands détours, et pendant ce temps, malgré mes efforts, la corvette filait de l'avant. Un moment je craignais d'être forcé de laisser ce malheureux dans les glaces, car, la corvette une fois dehors, il ne fallait plus songer à y rentrer, ni même à y expédier un canot pour le sauver. Enfin, à ma grande joie, il put atteindre le bord, où on le hissa plus mort que vif [1]. »

TERRES ADÉLIE ET VICTORIA

Au mois de janvier 1840, Dumont-d'Urville résolut de faire une nouvelle pointe vers le pôle Sud, en partant cette fois de Hobard-Town, en Australie. La région qu'il explora était précisément opposée à celle dans laquelle il avait la première fois attaqué la banquise. Après qu'on eut franchi les glaces, une terre nouvelle, appartenant probablement au continent austral, apparut aux regards des navigateurs.

« Le 21, dit Dumont-d'Urville dans son rapport au ministre, je profitai d'une jolie brise du sud-est pour cingler au sud-sud-ouest, vers la terre. Pour y parvenir, nous avions à traverser une chaîne immense de grosses glaces en forme de tables et des plus grandes dimensions. Je cherchai des yeux le canal le plus ouvert et le moins périlleux. De deux à six heures nos corvettes défilèrent tranquillement dans ces détroits de nouvelle espèce. Quelquefois les canaux n'offraient pas plus de deux ou trois câbles de largeur, et alors nos navires semblaient ensevelis sous ces resplendissantes murailles de 100 à 150 pieds de hauteur verticale. Puis, le canal s'ouvrant tout à coup, nous

---

[1] *Voyage au pôle Sud*, par Dumont-d'Urville.

Débarquement de Dumont-d'Urville sur la terre Adélie (pôle Sud).

passions subitement dans des bassins plus spacieux envi-
ronnés de glaces aux formes fantastiques, rappelant les
palais de cristal et de diamants des contes de fées.

« Un ciel pur, un temps délicieux, une brise à souhait,
nous servaient admirablement dans cette navigation. Nous
sortimes enfin de ces canaux tortueux et resserrés, dont
les hautes parois nous avaient longtemps dérobé la vue
des terres, et nous nous trouvâmes sur un espace relati-
ment dégagé, d'où nous pûmes contempler la côte dans
toute son étendue visible.

« Distante de nous d'environ 8 à 10 milles, elle s'élevait
comme un immense rempart haut de 12 à 1500 pieds,
entièrement couvert de glaces et de neiges qui en avaient
nivelé la cime en laissant subsister les ravins sur la pente
des terres, ainsi que les baies et les pointes du rivage.
Tantôt ces glaces n'offraient qu'une nappe plane, uniforme,
d'une blancheur terne et monotone ; tantôt leur surface
était sillonnée, hachée, tourmentée comme si elle avait
subi de violentes convulsions. »

Lorsqu'on se fut rapproché, des embarcations envoyées
sur le rivage y recueillirent des roches granitiques de teintes variées et quelques fragments de fucus. Le terre nouvelle reçut de Dumont-d'Urville le nom de terre *Adélie*,
en témoignage de sa profonde affection pour la compagne
dévouée qui avait su consentir à une séparation longue et
douloureuse, lui permettant d'accomplir ses projets d'exploration. On se rappelle la triste destinée de l'amiral qui,
à peine de retour en France, périt avec sa compagne et
son jeune fils dans la grande catastrophe du chemin de fer
de Versailles.

Rien ne témoigne mieux de la grande perte que fit en lui
la marine française que ces lignes de son vaillant compagnon, le capitaine (aujourd'hui vice-amiral) Jacquinot :

« Tous les officiers, dit-il, qui ont suivi M. d'Urville dans ces deux campagnes sont unanimes à reconnaître que rien n'égalait le sang-froid, le courage et l'opiniâtreté constante de cet homme remarquable qui, souvent torturé par la goutte et des céphalalgies cruelles, n'en restait pas moins, malgré le froid le plus vif, les tempêtes les plus violentes, au poste où l'appelait le salut de ses navires. Aussi quel dévouement, quel respect dans cet équipage auquel il avait fait affronter si souvent la mort la plus cruelle ! Peu de navigateurs ont agrandi plus que lui le domaine de la géographie et des sciences naturelles, par l'ardeur qu'il savait donner à tous les membres de l'expédition qu'il dirigeait, et par le zèle qu'il mettait lui-même à faire toutes les observations qu'il jugeait utiles au progrès des sciences. »

Les résultats acquis par l'expédition française aidèrent puissamment le capitaine anglais James Ross à faire la découverte qui jeta un si grand éclat sur son nom. Sa préoccupation principale était la recherche de la position du pôle magnétique austral, dont Dumont-d'Urville avait été très-proche à la terre Adélie. Il fit route au sud, en janvier 1841, sur un méridien plus oriental de quelques degrés, rencontra l'extrémité de la banquise, un peu au delà du 63ᵉ degré de latitude, recula d'abord et fut poussé encore plus vers l'est par une tempête, après laquelle il retrouva la barrière par 66°. Le vent et la mer y portant directement, il se détermina à chercher à la traverser. La réussite fut complète, malgré les épais brouillards accompagnés de faibles brises qui rendirent bientôt la route aussi périlleuse que pénible, et les averses de neige qui gênaient beaucoup la manœuvre. Ce qui encourageait Ross, c'était qu'à chaque éclaircie on apercevait dans le sud-est un « ciel d'eau » qui réfléchissait évidemment une mer libre ; il l'atteignit en effet le 9 janvier après avoir fait plus de 200 milles dans la banquise.

Le 11, par 70°47′, on signala la terre qui présentait des montagnes à pic, hautes de 3,000 à 4,000 mètres, entièrement couvertes de neige et sur le flanc desquelles d'immenses glaciers s'avançaient comme des caps dans la mer. Çà et là on apercevait quelques têtes de rochers nus ; mais la côte était si hérissée de glaces qu'il fut impossible d'y débarquer. Les capitaines Ross et Crozier purent seulement descendre sur deux îles situées, l'une par 71°, et l'autre par 76°, dont ils prirent possession au nom de la reine Victoria. Elles étaient d'origine volcanique et précédaient une région où de puissantes forces souterraines avaient fait explosion. On découvrit en effet, par 77°30′, une montagne haute de 3,750 mètres, vomissant d'immenses gerbes de flammes et de fumée, ayant à ses côtés un autre volcan presque aussi élevé, mais éteint ou du moins inactif. À ces géants du continent antarctique furent donnés les noms des deux navires de l'expédition : *Erebus* et *Terror*, bien en harmonie avec cette contrée désolée.

Peu de temps après, par 78° de latitude, les navigateurs rencontrèrent une barrière de glace dépassant de 50 mètres la couronne des mâts, et au delà de laquelle on apercevait les cimes d'une haute chaîne de montagnes. Ils paraissaient être arrivés au fond d'un grand golfe creusé dans le continent antarctique, car, après avoir parcouru 300 milles environ vers l'est, et côtoyant la barrière, ils furent arrêtés par une banquise extrêmement dangereuse qui les obligea à prendre la route du nord.

Après cette brillante campagne où a été accompli ce que Cook considérait comme impossible, le capitaine Ross fit encore deux autres expéditions, mais elles furent beaucoup moins heureuses. Le 18 décembre 1841 il rencontra la banquise à 300 milles plus au nord que l'année précédente. Il y entra cependant et avança jusqu'au point où les glaces devinrent trop épaisses pour continuer la route, et où l'éclat extraordinaire du ciel vers le sud annonçait la présence de masses infranchïssables. Tournant vers l'ouest, où les apparences étaient plus favorables, il ne se trouvait qu'à quelques milles de la mer libre, lorsqu'un violent coup de vent fit courir à ses navires les plus grands périls. Tous deux perdirent leurs gouvernails, et ainsi désemparés, ils eurent à lutter tout un jour contre les masses de glace qui venaient les aborder. La tempête s'apaisa promptement ; Ross put réparer les avaries au milieu même des glaces, et en sortit le 2 février, après y avoir été emprisonné pendant quarante-six jours.

Les recherches de la troisième campagne eurent lieu du côté de la terre de Graham, au sud du cap Horn. Ross voulut essayer de pénétrer entre les côtes et la banquise, espérant arriver ainsi à la grande mer libre signalée par Weddell. Il ne put y parvenir, mais il reconnut une assez grande étendue de terres nouvelles qui lui parurent encore appartenir au continent antarctique. Ces terres étaient couvertes de neige, et des glaciers immenses venaient jusqu'au rivage plonger dans la mer et abandonner aux courants des montagnes flottantes.

On s'assura de la nature volcanique de la plupart des roches visibles ; une ile qu'on put aborder présentait un vaste cratère au sommet d'un cône haut de 3,500 mètres.

D'après les relations que nous venons de résumer et celles d'autres navigateurs, les latitudes sous lesquelles on rencontre les banquises sont très différentes d'année en année, ou même entre des périodes plus courtes. Ordinairement, lorsqu'on approche de ces barrières, on ne

trouve d'abord qu'une multitude de glaces flottantes se
réunissant en groupes, en nappes ou en lignes courbes,
selon le caprice des vents et des courants. Elles présentent
souvent des zones concentriques dont les plus extrêmes
sont composées de simples glaçons demi-fondus, et les
suivantes de glaces d'un volume plus considérable, atteignant parfois celui d'un petit navire. On franchit facilement 2 à 3 milles dans la mer qui reste libre entre ces zones. Plus loin on peut encore traverser des groupes de
grandes îles de glace en passant par les canaux que laissent entre elles leurs parois verticales, et c'est ensuite
seulement qu'on se heurte à la digue impénétrable. Lorsque les glaces sont disposées de cette manière, on comprend très-bien comment, avec des vents violents soufflant
plusieurs jours vers le sud, un espace qui a été traversé
avec facilité à une époque donnée devient rapidement impénétrable. Sous l'impulsion de ces vents, les blocs se
mettent en mouvement avec des vitesses différentes, selon
leur masse. Les plus petits fragments se réunissent à ceux
qui les suivent, les zones concentriques se rapprochent
ainsi que les grandes îles, et un léger abaissement de température suffit alors pour que la regélation s'opère entre
toutes ces glaces pressées, et pour qu'une banquise compacte, beaucoup plus étendue que la banquise primitive,
soit formée.

GLACIERS POLAIRES

Les dimensions extraordinaires des montagnes de glaces
flottantes rencontrées dans les mers de l'hémisphère Sud
étaient un premier indice de la présence de grands glaciers sur les terres australes. Cette prévision a été confir-

mée lorsque les navigateurs ont pu en apercevoir quelques-uns. « On serait loin de la vérité, dit M. Grange [1], si on se représentait les glaciers polaires avec les souvenirs de la Suisse et des Pyrénées. Ils présentent un spectacle d'une grandeur inexprimable ; le voyageur étonné admire la magnificence de la scène, mais il éprouve en même temps un sentiment de terreur qu'il ne peut réprimer en voyant autour de lui la nature muette, inanimée... Quelle différence avec les montagnes de la Suisse, où les crêtes azurées des glaciers couronnent des prairies verdoyantes et de belles forêts ! Ici le monde est inerte, la nature inanimée ; un ciel de plomb, une brume incessante, d'épais brouillards, donnent à ces glaciers une teinte grise et sombre ; un silence absolu règne sur ces tristes plages, où la vie n'a d'autres représentants que quelques oiseaux de proie, quelques pétrels aux longues ailes, qui parcourent ces solitudes, quelques troupeaux de pingouins qui se cramponnent dans les anfractuosités des glaciers et se jouent sur l'écume des flots, ou encore quelques baleines qui vont chercher un abri sous les glaces des pôles. »

Des murs verticaux de plusieurs lieues d'étendue et hauts de 50 à 60 mètres terminent souvent les glaciers qui viennent aboutir à la côte. Les extrémités des glaciers de la Suisse sont loin d'atteindre ces dimensions ; qu'on juge des masses qu'elles font supposer dans les cirques et les vallées des montagnes !

Le commandant Maury fait ressortir, dans sa *Géographie physique de la mer*, la cause de cette grande extension des glaciers des terres australes. Elle réside dans l'état hygrométrique des vents dominants, qui soufflent du nord-ouest et passent sur une vaste surface maritime

---

[1] *Voyage au pôle Sud.*

avant de pénétrer dans la zone glaciale. Ils se chargent ainsi d'abondantes vapeurs et les transportent vers cette région hérissée de hautes montagnes qui joue ici le rôle d'un immense condenseur. L'étendue et la puissance des glaciers et des glaces flottantes des régions polaires austra-les sont donc en rapport avec les conditions climatologi-ques et ne dépendent pas, comme on l'a cru, d'une grande infériorité de la température relativement à celle des ré-gions boréales. Selon l'éminent météorologiste que nous venons de citer, le calorique latent dégagé par la précipi-tation très-considérable qui s'y opère doit même assurer aux régions australes un climat relativement doux. Ce fait est mis en relief dans les appels adressés à diverses re-prises par le commandant Maury aux nations maritimes pour les engager à reprendre les expéditions vers le pôle antarctique, suspendues depuis un quart de siècle. Il in-vite surtout les futurs explorateurs à un essai d'hiver-nage, qui lui paraît très-possible, et qui permettrait de recueillir une précieuse moisson d'observations scienti-fiques.

Les glaciers des régions polaires présentent des carac-tères semblables à ceux des autres contrées ; ils en diffè-rent cependant sous quelques rapports et, pour un obser-vateur superficiel, ils sembleraient s'éloigner des lois que nous avons exposées. M. Ch. Martins, qui a étudié les glaciers du Spitzberg pendant l'exploration scientifique de *la Recherche* dans cette île, a très-bien montré qu'il n'en est pas ainsi et qu'on a simplement affaire à un cas parti-culier du phénomène général. Il indique en premier lieu la rareté des aiguilles et des prismes de glace, qu'il faut attribuer à la faible inclinaison et à l'uniformité des pen-tes, ainsi qu'à la diminution de la chaleur solaire, qui, même dans les longs jours de l'été, ne parvient pas à fondre la surface. Les ruisseaux capables d'y creuser des crevasses et de façonner les aspérités manquent ici. On rencontre cependant toujours les crevasses transversales produites par le mouvement des glaciers, et celles-ci sont souvent très-larges et très-profondes.

Dans l'escarpement terminal qui entre en fusion à mesure qu'il vient plonger dans la mer, on voit quelquefois des cavernes très-vastes, auprès desquelles les grottes azurées de l'Arveyron et de Grindelwald, si admirées par les voyageurs, ne sont que des miniatures. « Un jour, dit M. Ch. Martins [1], après avoir pris des températures de la mer devant le glacier de Bell-Sound, je proposai aux matelots qui m'accompagnaient d'entrer avec l'embarcation dans sa caverne. Je leur exposai les chances que nous courions, ne voulant rien tenter sans leur assentiment. Ils furent unanimes pour accepter. Quand notre canot eut franchi l'entrée, nous nous trouvâmes dans une immense cathédrale gothique; de longs cylindres de glace à pointe conique descendaient de la voûte, les anfractuosités semblaient autant de chapelles dépendantes de la nef principale; de larges fentes partageaient les murs, et les intervalles pleins, simulant des arceaux, s'élançaient vers les cimes ; des teintes azurées se jouaient sur la glace et se reflétaient dans l'eau. Les matelots, tous Bretons, étaient, comme moi, muets d'admiration. Mais une contemplation trop prolongée eût été dangereuse ; nous regagnâmes bientôt l'étroite ouverture par laquelle nous avions pénétré dans ce temple de l'hiver, et, revenus à bord de la corvette, nous gardâmes le silence sur une escapade qui eût été justement blâmée. Le soir, nous vîmes du rivage notre cathédrale du matin s'incliner lentement, puis se détacher

---

[1] *Du Spitzberg au Sahara.*

du glacier, s'abimer dans les flots, et reparaître émiettée en mille fragments de glace que la marée descendante entraina vers la pleine mer. »

On ne trouve plus sur les glaciers du Spitzberg le grand nombre de moraines qu'on observe sur la plupart de ceux de la Suisse. Les montagnes, étant peu élevées, sont pour ainsi dire enfouies sous les glaciers au lieu de les dominer, et ne laissent percer qu'à peine leurs pics hors de la masse qui les entoure. Très-peu de débris tombent par suite sur cette dernière. M. Martins considère les glaciers du Spitzberg comme correspondant à la partie supérieure des glaciers de la Suisse, c'est-à-dire à celle qui est au-dessus de la ligne des neiges éternelles. « Or, dit-il, plus on s'élève sur un glacier des Alpes, plus les moraines latérales et médianes diminuent de largeur et de puissance, jusqu'à ce qu'elles s'amincissent et disparaissent enfin sous les hauts névés des cirques dont le glacier n'est qu'un émissaire, de même que les torrents des montagnes prennent souvent leur source dans un ou plusieurs lacs étagés les uns au-dessus des autres. Pour toutes ces raisons, les moraines latérales et médianes sont peu apparentes sur les glaciers du Spitzberg; un certain nombre de blocs se remarquent sur les bords et quelquefois au milieu, mais la glace ne disparaît jamais, comme dans les Alpes, sous la masse des débris qui la recouvrent. Quant aux moraines terminales, c'est au fond de la mer qu'il faut les chercher, puisque l'escarpement terminal la surplombe presque toujours; ainsi les blocs de pierres tombent avec les blocs de glace, et forment une moraine frontale sous-marine dont les deux extrémités sont parfois visibles sur le rivage. »

17

Les premiers navigateurs qui pénétrèrent dans le bassin polaire arctique furent des baleiniers poursuivant leur proie de refuge en refuge, pendant qu'elle se retirait devant eux. Les Basques s'aventuraient déjà, au seizième siècle, sur les côtes d'islande et de Groënland. Au commencement du dix-septième siècle, les Hollandais et les Anglais, qui allaient en grand nombre faire la pêche dans les parages du Spitzberg, s'y élevèrent au delà du 80e degré de latitude. Ainsi traquées, les baleines passèrent sous la banquise, et ne parurent plus à la surface que dans quelques espaces libres, qui s'ouvraient çà et là au milieu de la couche glacée. Elles furent loin de s'y trouver en sûreté ; les pêcheurs profitaient souvent d'un vent favorable pour les suivre en fendant la glace avec la proue armée de leurs navires.

Un autre intérêt commercial devint aussi un stimulant pour entraîner les navigateurs vers les mêmes mers. C'est la recherche d'un passage pour atteindre la Chine et l'Inde par le nord de l'Asie, recherche à laquelle se livrèrent surtout les Hollandais après qu'ils eurent secoué le joug de l'Espagne, à la fin du seizième siècle. Ils ne parvinrent naturellement pas à un résultat aujourd'hui même reconnu impossible ; mais on dut d'importantes découvertes à leurs expéditions, et principalement à celles qui furent guidées par Barentz, marin d'une rare habileté et d'un grand courage. Dans ses deux premières campagnes, il reconnut la mer Blanche, les côtes de la Nouvelle-Zemble et ses détroits. Chaque fois il put se dégager à temps et retourner en Hollande; mais la troisième expédition fut plus malheureuse, bien qu'elle eût débuté par la découverte du Spitzberg.

Après le départ de cette ile, un violent coup de vent jeta les navigateurs sur les côtes de la Nouvelle-Zemble, où ils entrèrent dans une petite baie qu'ils appelèrent avec raison le Port-des-Glaces, car, dès les derniers jours du mois d'août, il y furent bloqués et forcés d'y passer l'hiver. Ils y auraient péri de froid, s'ils n'avaient trouvé sur le rivage du bois flottant en assez grande abondance pour fournir des matériaux de chauffage et la charpente d'une hutte. Le récit de leurs souffrances, écrit par l'un d'eux, témoigne de leur admirable fermeté au milieu des rigueurs d'un froid excessif et des attaques chaque jour renouvelées des ours.

Ce journal contient aussi de remarquables observations sur l'ouverture des glaces, qui se fit en plein hiver sur un grand nombre de points, phénomène qui a sa cause dans l'arrêt que subit durant cette saison le courant polaire, ainsi que dans le mouvement du Gulfstream qui en est la suite, et qui amène sur les côtes de la Nouvelle-Zemble les troncs d'arbre entrainés à la mer par les fleuves de l'Amérique. Dès la fin de février, les Hollandais, voyant la mer libre dans une vaste étendue, espéraient pouvoir bientôt repartir. Mais les tempêtes amenèrent de nouvelles glaces, et il devint impossible de dégager le navire. Au mois de juin, Barentz se décida à l'abandonner et à partir avec son équipage dans les deux plus grandes embarcations.

A peine fut-on en route que la mort du vaillant pilote plongea ses compagnons dans la consternation. Ils reprirent cependant courage et accomplirent leur périlleux retour. On connait bien des exemples de voyages de long cours, entrepris dans des barques découvertes, mais il n'en existe peut-être aucun qui puisse être comparé à celui-ci. Quatorze hommes se risquèrent à faire un trajet de plus de onze cent milles, exposés au danger d'être engloutis par les hautes vagues de ces mers orageuses ou écrasés par le choc des glaces flottantes, aux prises pendant quarante jours avec les plus extrêmes rigueurs du froid, de la faim et de la fatigue. Cependant, excepté deux hommes qui moururent, et qui étaient déjà malades lorsqu'ils s'embarquèrent, tous arrivèrent en bonne santé au port russe de Kola, où ils trouvèrent des navires hollandais qui les ramenèrent dans leur patrie.

Quelques tentatives furent encore faites au commencement du dix-septième siècle, pour atteindre directement les mers de l'extrême Orient en passant par le pôle. Une compagnie de commerçants anglais confia cette mission à Hudson, qui avait acquis déjà une brillante réputation de marin. Mais il ne put aller au delà du 80ᵉ degré de latitude, au nord du Spitzberg, arrêté par une barrière compacte de glaces flottantes. Le capitaine Poole, à la tête d'une expédition armée par une compagnie russe dans le même but, ne put dépasser 80°, en prolongeant à l'ouest la barrière de glace qui s'appuie sur le Spitzberg. Deux autres marins expérimentés, Baffin et Fotherby, ne furent pas plus heureux. Lorsqu'un siècle et demi après, Phipps, officier de la marine royale anglaise, recommença cette exploration avec deux bâtiments sur lesquels étaient embarqués plusieurs savants, il atteignit 80° 48′ et découvrit à cette latitude l'île qui porte son nom. Mais là il reconnut l'impossibilité de continuer sa navigation ; du sommet d'une haute montagne, la vue embrassait à l'est et au nord-est un espace de trente à quarante milles de glace qui s'étendait jusqu'à l'horizon.

VOYAGE SUR LA BANQUISE

Le passage de la relation de Phipps, où il parle de l'aspect de cette vaste plaine glacée, donna en 1827 à Édouard Parry, qui s'était déjà signalé par quatre voyages de découvertes dans l'Amérique boréale, l'idée hardie d'atteindre le pôle en s'avançant sur la glace avec des traîneaux chargés d'embarcations, qui seraient mises à l'eau lorsqu'on rencontrerait la mer libre. L'expédition échoua, mais Parry, quand il s'arrêta, était arrivé jusqu'au 83e degré de latitude, point qui n'a encore été dépassé par aucun explorateur. Rarement aussi ont été égalés le courage et l'énergie déployés par cet officier et ses compagnons, au milieu des circonstances les plus difficiles qu'on puisse rencontrer dans les régions polaires.

La corvette *l'Hécla*, qu'il commandait, partit à la fin de mars de Londres ; elle portait deux chaloupes, construites avec un grand soin et pouvant contenir chacune quatorze hommes, pour servir au trajet sur la banquise. Un temps très-long fut perdu par suite d'un emprisonnement dans les glaces, et le navire n'arriva que le 20 juin dans un port du Spitzberg, où Parry le laissa à son lieutenant Forster. Il partit accompagné de John Ross, qui depuis s'est acquis un grand renom dans les mers arctiques, du docteur Beverley et du lieutenant Crozier, mort quelques années après dans la malheureuse expédition de Franklin. Après avoir traversé un espace très-encombré de glaces flottantes, les embarcations touchèrent aux dernières terres connues, les îles Walden et de la Petite-Table. Là les provisions furent chargées sur des traîneaux

garnis de ces longs patins de bois dont se servent les La-
pons pour courir sur la neige, et le 24, à dix heures du
soir, l'expédition se mit en marche] sur la banquise en
halant les chaloupes.

Parry s'aperçut alors d'une grande erreur. Il n'avait pas
devant lui la surface unie aperçue par Phipps. Les bancs
de glace étaient peu étendus, accidentés et hérissés de
pointes comme les glaciers les plus crevassés. De plus,
ils étaient fréquemment interrompus par des flaques
d'eau, qu'il fallait traverser après y avoir lancé les canots.
Lorsqu'on s'arrêta le lendemain à cinq heures, après une
marche de sept heures, on vit qu'on avait à peine gagné
une lieue.

L'extrait suivant donne quelques détails intéressants
sur cette entreprise extraordinaire : « J'avais formé d'a-
vance, dit Parry, le projet d'intervertir l'ordre naturel, et
de marcher la nuit en nous reposant le jour. Nous n'a-
vions pas à craindre l'obscurité de cette partie de la journée que nous appelons nuit, puisque le soleil ne se couche pas pendant l'été. Ensuite je pensais que cet astre
étant alors plus près de l'horizon et répandant moins de
lumière, nous serions moins éblouis par l'éclat intoléra-
ble des neiges polaires, beaucoup plus resplendissantes
que celles des climats tempérés. Cet arrangement consacrait à nos haltes les heures les plus chaudes de la journée,
ce qui devait nous donner un peu plus de facilité pour
sécher nos vêtements, souvent pénétrés par la froide humidité de ces triste régions ou trempés par de fréquentes
ondées qui nous incommodaient beaucoup ; de plus, aux
heures les plus froides, la neige était plus ferme et sup-
portait mieux le poids des traineaux. Lorsque le soir approchait, nos apprêts de départ commençaient par la
prière faite en commun. Nous déjeunions et nous endos-

sions nos habits de voyage. Après un travail de cinq heures, nous employions une heure à nous reposer et à dîner ; elle était suivie d'une nouvelle marche qui se prolongeait souvent pendant six heures. Les dispositions étaient ensuite prises pour abriter tout le monde dans les chaloupes ; on soupait et on consacrait quelque temps aux amusements. Pendant que les conteurs débitaient leurs joyeux récits, chacun faisait sécher ses vêtements ; on posait des sentinelles pour se mettre en garde contre le choc des glaces et l'attaque des ours, puis on faisait la prière du soir. Un sommeil de sept heures nous suffisait ; dès que l'heure du réveil était arrivée, le son du cor annonçait le déjeuner et le départ. »

Dans la matinée du 26, une pluie abondante arrêta le voyage, et la surface de la banquise se montra couverte d'un grand nombre de flaques d'eau qui augmentèrent beaucoup les difficultés de la marche. Dans cette circonstance, la glace présentait un singulier phénomène. Elle était couverte de grands cristaux ayant environ 2 décimètres de long sur 2 centimètres de large ; aux endroits où ils étaient serrés les uns contre les autres, ils formaient une espèce de carrelage naturel. Suivant M. Ch. Martins, qui les a observés au Spitzberg, ces cristaux sont particuliers aux régions arctiques : ils ne sont pas très-réguliers et rappellent plutôt les formes prismatiques, résultat du retrait par refroidissement qu'on observe sur les basaltes, ou celles que présente l'argile lorsqu'elle se fendille en se desséchant.

Le calcul fait par Parry, quand on revit le soleil quatre jours plus tard, indiqua seulement un gain de 14 kilomètres. Une neige épaisse tombait, et plusieurs monticules ne purent être franchis qu'en s'y frayant un chemin avec les haches. « Nous étions toujours en avant, dit Parry, le

lieutenant Ross et moi. Arrivés à l'extrémité d'un champ
de glace, à un endroit difficile, nous montions sur une
éminence élevée de 5 à 8 mètres, pour dominer les environs. Aucune expression ne peut donner une idée de la
tristesse du spectacle qui s'offrait à nous : rien que la
glace, le ciel, et encore la vue du ciel nous était-elle souvent cachée par d'épais brouillards. Aussi un glaçon
d'une forme étrange, un oiseau qui passait, prenaient
l'importance d'un événement ; mais, lorsque nous apercevions de loin les deux petites chaloupes et nos hommes
contournant un monticule avec les traîneaux qu'ils tiraient
derrière eux, cette vue nous réjouissait, et dès que leur
voix se faisait entendre il nous semblait que ces solitudes
muettes avaient perdu quelque chose de leur horreur.
Quand les hommes nous avaient rejoints, nous retournions
avec eux vers les chaloupes, afin d'aider à les faire avan-
ver ; les officiers s'attelaient avec les matelots. C'est ainsi
que nous procédions neuf fois sur dix, et même au début
nous étions obligés de faire trois voyages pour transporter
tout notre matériel, c'est-à-dire de faire cinq à six fois le
même trajet. — Le 2 juillet, le thermomètre marquait
1°,7 à l'ombre et 8°,5 au soleil, malgré une brume
épaisse, mais nous étions tellement éblouis par la réflexion
de la lumière, que nous fûmes obligés de nous arrêter.
Sous l'influence de la chaleur, la neige s'était ramollie,
et nous dûmes nous atteler tous à une embarcation pour
la mettre en mouvement. La neige fondue avait donné
naissance à de grandes flaques d'eau sans profondeur, à
travers lesquelles il fallait traîner les chaloupes avec de
l'eau jusqu'aux genoux. Nous n'avancions pas de 100 mètres en une heure... »

A ces grandes difficultés s'ajoutait un mauvais temps
presque continuel. Une forte pluie dura vingt heures sans

interruption. Le 13 juillet, on se trouvait à la latitude de 82°17', et le lendemain, après un travail de onze heures, on ne gagna que 3 milles. Voyant toujours au nord les mêmes amas de glaces brisées, Parry commença à craindre de ne jamais arriver à la banquise unie sur laquelle il avait compté pour réussir. Le 20 juillet, il reconnut qu'à une marche vers le nord, estimée à 22 kilomètres, correspondait un changement en latitude de 9 kilomètres seulement, mais il cacha encore cette situation désespérante à l'équipage et fit continuer la route. Le 24, ayant obtenu un résultat analogue, il dut se rendre à l'évidence. Avec les plus grands efforts, on ne gagnait que la différence entre deux vitesses opposées; les glaces étaient entraînées en masse vers le sud. Le retour fut décidé. Le brave équipage eut un jour de repos et les officiers profitèrent du beau temps pour faire une série d'intéressantes observations. Le pavillon national resta développé jusqu'au soir et on se mit en marche à quatre heures. Le 10 août, les explorateurs se retrouvèrent par 81°40' au milieu d'une mer plus libre, où le trajet put se faire à l'aviron et ils rallièrent *l'Hécla* le 21.

Six années après cette expédition de Parry, le brick *la Lilloise*, commandé par un de nos meilleurs officiers, le lieutenant de vaisseau J. de Blosseville, fut envoyé dans les mêmes parages ; mais, à peine arrivé, il disparut au milieu des glaces. Les dernières nouvelles ont été données par une lettre du capitaine écrite au moment où il quittait les côtes orientales du Groënland, qu'il venait de reconnaître dans une grande étendue. L'objet principal de la campagne de la corvette *la Recherche* fut de découvrir les traces de nos malheureux compatriotes; bien qu'elle ait échoué dans cette mission, elle a fait un très remarquable voyage à cause des nombreux et importants

travaux exécutés par la commission scientifique qu'elle
avait à bord.

PASSAGE NORD-OUEST

La route vers l'océan Pacifique par le nord du continent
américain, a été pendant plus de trois siècles l'objet des
plus persévérantes recherches. Elle a été enfin découverte
de nos jours, mais le résultat n'a pas répondu aux vaillants efforts des navigateurs qui se proposaient d'ouvrir
une nouvelle voie aux relations commerciales de l'Europe
avec l'Asie orientale. Ce n'est qu'en traversant un champ
de glaces compactes que le capitaine Mac-Clure, après
avoir abandonné son navire l'*Investigator*, engagé sous un
amas de glaces flottantes du côté du détroit de Behring,
a pu rejoindre un bâtiment entré par la baie de Baffin,
dans l'archipel du nord de l'Amérique. Il faut reconnaître
que le passage nord-ouest, objet des courageuses tentatives de tant d'illustres capitaines, sera toujours impraticable pour la navigation. Mais l'exploration de cette partie
des régions arctiques a fourni matière à des ouvrages
d'un puissant intérêt, non-seulement par l'exposition de
ce que les sciences y ont acquis en observations fécondes,
mais encore par l'exemple d'une élévation morale qui
pouvait seule engager l'homme à lutter dans ses frêles
navires contre tant d'obstacles et de dangers.

L'épisode principal de cette émouvante histoire est la
longue recherche de Franklin et de ses compagnons.
Toutes les nations maritimes ont pris part à cette noble
croisade qui, par les éclatants dévouements qu'elle
suscita, comptera parmi les faits les plus glorieux de notre
siècle. La France y fut représentée par le lieutenant

Bellot, jeune officier qui joignait un caractère héroïque aux éminentes qualités du marin. Il périt dans sa deuxième campagne, sur l'un des bâtiments équipés par lady Franklin, en accomplissant une mission dangereuse au milieu des glaces brisées et agitées par la tempête. L'intéressant journal qu'il a laissé restera comme une des meilleures initiations à la difficile navigation des glaces, et ce livre est en même temps un puissant encouragement au bien. « L'humanité, l'amour de la patrie et de la famille, la piété, le sentiment du devoir, le courage le plus ferme et le plus calme, le désintéressement le plus absolu, y éclatent en une multitude de traits naïfs et modestes, plus propres que les actes les plus retentissants à émouvoir l'âme et à se glisser dans le cœur comme modèles [1]. »

GLACES DE LA BAIE DE BAFFIN

Bellot décrit de la manière suivante, dans son journal [2], les glaces que l'on rencontre peu de temps après avoir dépassé le cap Farewell, à l'extrémité sud du Groënland : « Un coup d'œil jeté sur la carte montre que, la baie de Baffin devenant plus étroite en descendant au sud, les glaces, qui sont d'abord mises en mouvement dans le haut de la baie par les brises du nord, tendent à s'accumuler près de cette gorge et à bloquer le détroit de Davis, même quand le sommet est dégagé. Ce n'est que par une série de va-et-vient que les glaces passent enfin ce barrage et viennent se dissoudre dans l'océan Atlantique.

[1] Jean Reynaud.
[2] *Journal d'un Voyage aux mers polaires*. Paris, 1854.

« Cette mobilité des glaces, nécessaire à la navigation, en forme précisément le danger, puisqu'on se trouve placé entre les glaces qui viennent du côté où souffle la brise et la côte, ou les glaces solides qui n'en sont pas encore détachées. Il est inutile d'insister sur la force d'écrasement que possèdent des masses souvent de plusieurs lieues carrées d'étendue, et qui, une fois en mouvement, ne sauraient être arrêtées par aucune résistance humaine. Un bâtiment à voiles se trouve placé dans des conditions d'autant plus défavorables que les vents doivent précisément souffler de la direction où l'on veut se rendre pour entr'ouvrir les glaces. Or, si la brise est forte, on ne remonte qu'avec peine et avec danger au milieu des glaçons, qui forment autant de roches mouvantes; s'il fait calme, les moyens de marche en avant se réduisent à un halage très-lent ou à la remorque des embarcations. L'application du propulseur à hélice aux bâtiments à vapeur vient surtout donner à ceux-ci une grande supériorité, qu'eût détruite en partie l'encombrement des roues à aubes, exposées à tous les chocs des glaçons.

« Dans les bouleversements que causent les tempêtes, qui sont bien loin d'être aussi rares au delà du cercle arctique qu'on le suppose généralement, la forme des glaces devient très-irrégulière; aussi arrive-t-il souvent qu'à quelques centaines de mètres devant soi on voit une nappe d'eau plus ou moins étendue, dont on n'est séparé que par une langue étroite de glace. Nous cherchions alors à nous pratiquer une ouverture, soit en dirigeant le navire avec toute la vitesse possible sur la partie la moins large, soit avec des scies d'une vingtaine de pieds de long, qui se manœuvrent avec une corde et une poulie placée au sommet d'un triangle formé par de longues perches, soit enfin en faisant jouer la mine. Lorsque les glaces ne

Montagne de glace (pôle Nord).

sont pas trop compactes, on fait entrer le navire dans cette ouverture, sur les côtés de laquelle il agit comme un coin. Plus d'une fois il arrive, pendant cette opération, que les glaces, mues par les courants ou la brise, se rapprochent après s'être perfidement écartées un instant, et le bâtiment se trouve soumis à une pression très-dangereuse. Malheur à celui qui ne sait point prévoir ou suffisamment observer les signes précurseurs de cet accident, presque toujours accompagné de conséquences fatales! La glace, que rien n'arrête, passant au-dessous du navire, le renverse, ou passe au travers, s'il résiste. J'ai vu des plaines de glace se dresser, pour ainsi dire, le long des flancs du navire, et retomber sur le pont en blocs que tout l'équipage se hâtait d'aller rejeter de l'autre côté, dans la crainte de sombrer sous leur poids énorme. »

On rencontre aussi dans la baie de Baffin de grandes îles de glace provenant des glaciers des terres du nord, et particulièrement du vaste glacier de Humboldt, qu'on aperçoit sur le flanc des Alpes groënlandaises, en s'élevant par le détroit de Smith un peu au delà de 79° de latitude. Des navigateurs ont été surpris de voir quelques-unes de ces grandes masses se dirigeant en sens contraire du mouvement des glaces maritimes qui descendent avec le courant polaire vers l'Atlantique. Elles remontaient avec une telle vitesse qu'elles brisaient des couches de glace fixe tenant encore au rivage. Parmi les observations citées à ce sujet par le commandant Maury, se trouve celle d'un des capitaines envoyés à la recherche de Franklin, qui avançait péniblement au moyen de câbles à l'encontre du courant, lorsqu'une montagne énorme arrivant du sud se dirigea vers son navire et le dépassa assez rapidement après l'avoir longé de près. On ne peut expliquer ce fait que par l'existence d'un contre-courant sous-marin agissant sur l'extrémité inférieure de la partie plongeante du bloc, qui, comme on le sait, est à peu près sept fois plus grande que la partie visible.

Les pêcheurs de baleines, dans leur navigation, s'aident quelquefois de ces montagnes de glace. Ils se mettent à l'abri derrière elles au milieu des coups de vent, qui n'impriment aux grandes îles que de faibles mouvements, tandis que les glaçons sont rapidement emportés sur la surface des eaux. Un tel abri peut aussi être utile dans certaines opérations de pêche qui demandent du repos. Mais ces refuges ne sont pas exempts de danger. Quelquefois la masse se fond à la base, finit par avoir le sommet plus lourd que le pied et chavire tout à coup. Un navire qui se trouverait trop près pourrait alors être écrasé ou crevé par la partie qui se relève. D'autres fois le courant entraînant la glace vers un bas-fond, son pied s'y accroche et elle se renverse en un instant. L'approche de ces blocs est surtout périlleuse lorsque, par suite des variations de la température, il s'y produit des changements internes, qui les rendent sujets à se briser en éclats. Au moindre choc, les débris volent de tous côtés au milieu de fortes détonations, et peuvent causer de graves avaries. Des navires qui se trouvaient à 100 mètres de la montagne de glace à laquelle ils étaient amarrés ont quelquefois éprouvé des accidents par suite de ces explosions soudaines. Les navigateurs sont cependant obligés d'accoster les glaces quand ils veulent renouveler leur provision d'eau douce. On détache alors à coups de hache des fragments, qu'on fait fondre à bord, ou, si le soleil a produit des flaques d'eau au sommet des blocs, on en profite pour remplir les barriques.

LA MER OUVERTE. — TRANSPORT DES GLACES PAR LES COURANTS

Sous de très-hautes latitudes, au delà des mornes déserts de glace, les explorateurs arctiques ont vu apparaître sur divers points des espaces de mer entièrement libres. Ils avaient quitté leurs navires bloqués et ensevelis dans les neiges, et, en avançant vers le nord, il leur semblait retrouver un climat plus rapproché de l'équateur de 15 à 20 degrés de latitude. La vie renaissait sur les flots verdâtres ainsi que sur les bords du bassin qui les contenait. Des oiseaux innombrables volaient dans l'air ; les amphibies marins jouaient sur le rivage ou sur quelques glaçons flottants ; on retrouvait des traces de végétations et même des fleurs écloses dans les anfractuosités où s'était amassée un peu de terre. Au mois de mai 1850, le capitaine Penny aperçut une semblable mer à l'extrémité du détroit de Wellington, et, en montant sur une éminence, il vit, à perte de vue, dans le ciel, le reflet des eaux. Après un emprisonnement de deux ans dans les glaces au port de Renselaer, par 78°40′ de latitude, où il fut obligé d'abandonner son navire, le capitaine américain Kane découvrit aussi la mer libre qui est aujourd'hui l'objet de nouvelles recherches. Il avait envoyé son maître d'équipage, Morton, faire une reconnaissance en traîneau au nord du canal de Smith. Lorsque celui-ci eut parcouru 50 lieues, il vit tout à coup un chenal s'ouvrir au milieu de la glace sur laquelle il avançait. La surface libre augmenta successivement, et enfin une vaste nappe d'eau, agitée par des vagues, s'étendit devant lui jusqu'à l'horizon, quand il eut gravi la dernière falaise, le cap Constitution, situé par 91°20′ de latitude. Dans la partie asiatique du bassin polaire, la mer ouverte a été aussi rencontrée par les officiers russes qui ont exploré cette région.

Les espaces libres n'occupent pas toujours la même région. Ainsi, par exemple, le passage découvert par le capitaine Penny était fermé quand il revint, un mois après, avec un canot dans lequel il comptait faire route vers le pôle. Il est cependant possible que quelques ouvertures se maintiennent d'une manière permanente, et l'existence d'une mer entièrement dégagée de glaces au pôle est admise par un certain nombre de savants. Cette opinion peut s'appuyer sur la théorie exposée par l'éminent géomètre italien Plana, dans un mémoire relatif au refroidissement des corps célestes, où il établit que la chaleur moyenne de l'année doit être notablement plus élevée au pôle qu'au cercle polaire.

Le commandant Maury assigne encore une autre cause à l'existence d'une mer ouverte au nord du Groënland ; il suppose que l'élévation de température qui la maintient libre de glace est due au courant sous-marin observé dans la baie de Baffin et qui se dirige vers le pôle. Ce courant, venant du sud, est beaucoup moins froid que les eaux qu'il traverse, et l'on comprend qu'en montant à la surface il puisse créer au pôle un climat moins rigoureux que celui des régions environnantes. Nous dirons aussi que le froid moyen maximum de l'année ne correspond pas au pôle astronomique, mais à deux points situés, l'un dans la Sibérie orientale, et l'autre au centre de l'archipel de l'Amérique du Nord.

Le déplacement des banquises par les courants qui sillonnent le bassin polaire peut également rendre compte de l'existence périodique de grandes ouvertures dans les glaces arctiques. Le plus puissant de ces courants est le Gulfstream, qui porte au nord les eaux dont la chaleur est puisée aux régions équatoriales, et dont l'influence se fait sentir jusqu'au Spitzberg et dans la mer Blanche. Des courants froids descendent du pôle le long des côtes occidentales et orientales du Groënland. Au détroit de Behring, on observe un courant de surface dirigé du sud au nord, tandis que les eaux du bassin polaire s'écoulent vers l'océan Pacifique par un contre-courant sous-marin. D'un autre côté, les grands fleuves d'Asie et d'Amérique, qui se déchargent dans ce bassin, y engendrent nécessairement aussi des mouvements considérables.

Nous avons vu les courants transporter rapidement la banquise de Parry vers le sud. Le bâtiment anglais *Resolute* parcourut un espace de 1,000 milles sur un champ de glace de 300,000 milles carrés, du milieu duquel il avait été impossible de le dégager. Le capitaine Kellett l'avait abandonné à l'île Melville plusieurs années auparavant, lorsqu'il fut trouvé dans la baie de Baffin par des baleiniers. Au détroit de Davis, le lieutenant de Haven, qui commandait le brick américain *Advance*, envoyé à la recherche de Franklin, fut retenu pendant neuf mois dans une semblable position et dériva également de 1,000 milles vers le sud.

En étudiant la circulation de l'océan Arctique dans ses rapports avec le mouvement des glaces sur une assez grande étendue, autour du Spitzberg et de la Nouvelle-Zemble, le commandant Jansen, savant officier de la marine hollandaise, a montré comment l'action combinée des courants et des marées intervient dans les ruptures et les débâcles des banquises polaires qui se font principalement au printemps, mais quelquefois aussi au milieu de l'hiver. Selon lui, les vides laissés par les champs de glace, lorsqu'ils sont charriés vers le sud, peuvent avoir été pris pour les mers ouvertes signalées dans les hautes latitudes.

EXPÉDITION AU POLE NORD

Dans ces dernières années, des savants et des navigateurs, s'appuyant sur les découvertes déjà faites, ont élaboré différents projets d'expédition arctique. La géographie, la physique du globe, les sciences naturelles ainsi que l'industrie des grandes pêches, sont vivement intéressées à leur mise à exécution, et nous espérons que les gouvernements des principales nations maritimes confieront bientôt de nouveaux moyens d'exploration aux officiers expérimentés qui demandent à retourner dans une région déjà illustrée par tant de glorieuses entreprises, pour en achever la conquête, en plantant au pôle même un drapeau victorieux.

L'ancien lieutenant de Kane, le docteur Hayes, fit, en 1860 et 1861, une tentative dans ce but, en basant son plan d'opération sur la découverte de la mer libre faite par Morton, au nord du détroit de Smith. Il espérait pouvoir hiverner sur la terre de Grinnell, à peu près au parallèle de 80°, et se diriger de là, au printemps vers cette mer inconnue, en faisant franchir les glaces du canal à une embarcation montée sur des roues. Les frais de l'expédition avaient été couverts par une souscription publique ouverte à New York. Malheureusement Hayes rencontra, pendant son voyage, un grand nombre de chances défavorables ; son navire fut retardé par des coups de vent et fortement endommagé par des montagnes de glace. Il ne put pas même atteindre Renselaer, et une maladie s'étant déclarée parmi les chiens que les Esquimaux avaient procurés, leur nombre diminua tellement qu'il fallut renoncer à l'opération projetée, pour laquelle ils étaient indispensables.

Au commencement de 1865, le capitaine Sherard Osborn soumit à la Société géographique de Londres un projet analogue au précédent, mais qui parait mieux approprié à la nature de la contrée à parcourir. Cet officier, qui, en prenant part à la recherche de Franklin, a fait en traîneau 2,800 kilomètres sur les terres arctiques, propose ce même moyen, car il ne croit pas que la glace soit ouverte d'une manière permanente au delà du cap Constitution. On a de nombreux exemples de longs voyages accomplis en traîneaux Dans l'expédition où Mac Clintock trouva les traces de Franklin, il fit d'une seule traite 2,465 kilomètres en cinq jours, et il estime qu'un trajet de 2,800 kilomètres n'est pas au-dessus des forces d'hommes énergiques et résolus. Or, pour aller des dernières terres connues au pôle et en revenir, il n'y a que 1,692 kilomètres. Le projet demande deux navires à hélice, avec cent vingt hommes, officiers compris. Ils arriveraient en août au détroit; un navire resterait au cap Isabelle, par 78° de latitude, avec vingt-cinq hommes d'équipage seulement ; l'autre, monté par quatre-vingt-quinze hommes, s'avancerait d'environ 500 milles au nord. Après avoir établi des dépôts de provisions aussi loin que possible pendant l'automne, les explorateurs auraient deux années devant eux pour faire les expéditions en traîneaux aux époques les plus favorables.

Le projet mis en avant par un célèbre géographe allemand, le docteur Petermann, dans un congrès de savants et de marins réunis à Francfort en 1865, et présenté plus tard à la Société géographique de Londres, place le point de départ près des côtes orientales du Spitzberg, et propose aussi l'emploi de deux bateaux à vapeur. Ce savant se fonde sur l'expérience de plusieurs navigateurs qui, au lieu de trouver, comme Barentz et Hudson, une banquise compacte dans la région s'étendant au nord de l'île, ont pénétré dans une mer dégagée de glaces. Des traditions longtemps conservées parmi les baleiniers hollandais attribuent à un certain nombre de ces hardis marins des courses très-heureuses sous ce rapport. Leur lieu de pêche habituel était situé à peu près au 80e parallèle, et ils y trouvaient peu de glaces; l'un d'eux, William de Vlamingh, parvenu à la latitude de 82°61', n'y rencontra que quelques glaçons. Cornélis Roule prétend s'être élevé jusqu'à 85° sur le méridien de la Nouvelle-Zemble et avoir visité dans ces parages des îles peuplées de nombreux oiseaux; il ajoute dans sa relation qu'étant monté au sommet d'une colline, la mer qu'il apercevait semblait permettre encore une navigation de trois jours. On ne saurait il est vrai, accorder une entière confiance à ces anciens documents, mais on peut compter sur les observations d'un baleinier de notre siècle, William Scoresby, qui, par ses importantes recherches de naturaliste, a mérité d'être appelé le Saussure des régions polaires. En 1806, ce navigateur se trouvant, le 24 mai, au nord du Spitzberg, par 81°30', y vit la mer complétement libre sur une étendue de 30 milles, et il présumait qu'à la distance d'au moins 100 milles, on ne devait rencontrer aucune terre. « Si notre voyage, ajoute-t-il, eût été un voyage de découvertes, nous eussions pu, en nous avançant vers le nord, ajouter certainement quelque chose aux connaissances géographiques acquises sur les régions arctiques, mais la pêche était notre unique but, et l'équipage, au milieu de ces régions désolées et inconnues, se montrait péniblement impressionné et donnait des signes de découragement. »

Dans le cas où les bâtiments de l'expédition ne trouveraient pas des circonstances aussi favorables que ces indications semblent le faire espérer, M. Petermann pense qu'ils pourraient faire une tentative semblable à celle qui a si bien réussi au capitaine James Ross dans les régions australes, c'est-à-dire tâcher de forcer la banquise dans un point bien choisi. L'hivernage au Spitzberg, qui est possible malgré la rigueur du climat, faciliterait l'expédition, et on aurait soin de placer préalablement dans cette île un dépôt de houille.

Au sein de la Société géographique de Londres, les deux projets ont été l'objet d'une intéressante discussion, à laquelle presque tous les officiers qu'on désigne dans la marine anglaise sous le nom d'officiers *arctiques* ont pris part. Quoiqu'ils aient basé leurs opinions sur l'expérience personnelle acquise dans des voyages de découvertes, de grandes divergences s'y sont manifestées, et les voix se sont partagées à peu près également à l'égard de deux plans proposés. Plusieurs membres ont émis le vœu qu'une tentative fût faite en même temps par les deux voies, le Spitzberg et le détroit de Smith.

Lady Jane Franklin, la veuve de l'illustre amiral, a donné un touchant témoignage de sympathie pour la nouvelle exploration polaire, dans une lettre adressée au président de la Société de géographie. Revendiquant pour l'Angleterre la part de gloire qu'on peut encore recueillir dans une région où ses marins ont bravé tant de dangers et de fatigues : — « J'ai toujours le même intérêt, dit-elle, pour tout ce qui concerne les entreprises arctiques. D'abord, au triste souvenir du passé, j'ai senti faiblir mon cœur, mais j'ai réagi contre ce sentiment et j'en ai triomphé. Il serait certainement déplorable de voir une puissante objection à toute exploration arctique future dans le sort de mon cher mari et de ses compagnons. Ils ont trouvé la malheureuse fin qui échoit trop souvent aux pionniers des entreprises dangereuses, mais leur triste destinée est unique. Chaque nouvelle expédition part avec des navires meilleurs, mieux équipés, et avec une science plus grande. Les mers polaires ne présentent pas en moyenne plus de catastrophes que les autres mers, et, dans l'expédition projetée, un désastre semblable à celui de Franklin n'est nullement à craindre. »

Le projet de M. Petermann a surtout passionné les esprits en Allemagne ; une souscription publique, ouverte pour le réaliser, a produit une somme considérable. L'Académie des sciences de Berlin, sur l'invitation du gouvernement prussien, qui supportera une partie des frais de l'expédition, a formulé le programme des questions scientifiques qu'elle devra chercher à résoudre.

Bien que des deux dernières terres connues au nord du détroit de Behring, les iles Hérald et Plover, il y ait, pour atteindre le pôle, presque le double de la distance qui sépare le Spitzberg de ce point, cette voie d'exploration a été proposée, en Russie, par un officier de marine, M. de Schilling, et en France, par un ingénieur hydrographe, M. Gustave Lambert, patronné par la Société de géographie. Le projet de ce dernier est fondé sur l'existence d'une mer ouverte autour du pôle, dans laquelle on pénétrerait après un court trajet dans la banquise, en choisissant à peu près le point d'attaque à la longitude de 180°. C'est précisément dans ces parages que Wrangel et d'Anjou ont aperçu dans leurs voyages de 1820 et 1823 la

vaste étendue d'eaux libres dont le mystère frappa leur
imagination, et qu'ils désignèrent sous le nom de Poly-
nia [1].

[1] Un excellent travail sur les expéditions au pôle Nord a été publié
dans la *Revue des Deux Mondes* (15 janvier 1866) par M. Ch. Martins.
Nous y renvoyons nos lecteurs; ils trouveront aussi des renseigne-
ments plus complets à ce sujet dans notre *Histoire de la navigation*
(Hetzel, 1867).

CONCLUSION

ÉCHANGE DES TEMPÉRATURES. — LOIS GÉNÉRALES

Nous avons déjà montré l'utilité des glaciers au point
de vue de la circulation générale des eaux et de l'arro-
sage des plaines qu'elles fertilisent dans la saison la plus
favorable aux cultures. On sait que les fleuves soumis au
régime des glaciers ont leurs crues pendant l'été et leurs
basses eaux pendant l'hiver. Et il est évident que plus les
étés sont ardents, plus la sécheresse est grande, plus aussi
la fonte des glaces accumulées sur les cimes vient gonfler
les rivières et augmenter l'abondance des sources. La nature procède toujours par des lois grandes et simples.
Les glaciers envoient à l'Océan les grands fleuves et les
masses immenses de glaces flottantes qui contribuent à
maintenir la constance de son niveau. La distribution
géographique de ces puissants réservoirs, dépend, comme
nous l'avons vu, de différentes causes, telles que l'orien-

tation des chaînes de montagnes, leur élévation, l'escarpement de leurs versants, leur situation au bord de la mer ou à l'intérieur des continents. La température, la direction des vents régnants et leur degré habituel de sécheresse ou d'humidité sont aussi dans un étroit rapport avec la position et l'étendue de ces chaînes. Mais, depuis les hautes cîmes de la Suisse et des Cordillères, jusqu'aux régions polaires, qu'on peut considérer comme d'immenses glaciers, l'action bienfaisante des réservoirs de neige et de glace dans la période actuelle est partout visible, de même qu'elle apparaît avec évidence aux anciennes époques où leur prodigieux développement préparait un vaste champ d'activité aux sociétés humaines.

Les considérations suivantes, dues à l'un des savants collaborateurs du commandant Maury, le docteur Buist, indiquent quelques-uns des rapports dont l'utilité vient frapper notre intelligence, toutes les fois que nous nous livrons à une contemplation éclairée des merveilles de la nature :

« Le soleil développant constamment dans les régions équatoriales une quantité de chaleur considérable, dont les régions polaires sont privées, par suite de leur exposition, il faut, pour rendre toutes ces régions habitables à des êtres de même nature, qu'un échange continuel de chaleur et de froid s'opère des unes aux autres. C'est effectivement ce qui a lieu, et ce que nous voyons s'opérer d'une manière merveilleusement simple : dans le voisinage de l'équateur, l'air échauffé se dilate et s'élève en laissant près de la terre un vide relatif qui vient combler l'air environnant ; de là résultent à la surface de notre globe deux courants aériens dirigés des pôles vers l'équateur, tandis que, dans les régions supérieures, l'air dilaté s'étend , par l'effet de sa dilatation, vers les pôles, où il se refroidit et retombe, et l'on a ainsi en jeu deux immenses tourbillons dont l'effet est d'enlever aux zones torrides un excès de chaleur qui réchauffera les zones glaciales, en même temps que de ces dernières reviendra l'air froid destiné à rafraîchir les régions tropicales.

« Les mêmes lois de mouvement détermineraient un système analogue de circulation dans la masse liquide de l'immense Océan, si d'autres influences n'y étaient en jeu et si les divers continents ne venaient interposer leur barrière; nous y trouvons toutefois des courants se dirigeant constamment des zones glaciales vers les zones torrides, afin de remplacer l'énorme quantité d'eau enlevée à ces dernières par l'évaporation, tandis qu'en même temps d'autres courants, tels, par exemple, que le Gulfstream, viennent également jouer leur rôle dans ce vaste échange de température. Cette puissante rivière océanienne, d'une température notablement supérieure à celle des eaux qui l'environnent au nord du tropique, réchauffe toutes les terres qu'elle approche, et permet ainsi au Lapon de cultiver ses champs d'orge sous des latitudes qui seraient condamnées sans cette influence à une stérilité perpétuelle.

« Il est encore d'autres lois qui régissent la mer au point de vue de l'échange des températures; ainsi, l'on sait que l'eau atteint son maximum de densité à 4° au-dessus de zéro, et c'est à cette propriété que les mers polaires doivent de n'être pas converties en une masse de glace solide et inaccessible aux navires. En effet, cette eau à 4° tend à descendre par le fait de sa densité, tout en conservant sa température, et va saper par la base les monstrueux glaciers des pôles, lesquels, ainsi déracinés, sont entraînés par les courants qui amènent des pôles à l'équateur l'eau destinée à combler l'évaporation des zones torrides. On conçoit quelle énorme quantité de froid s'en va ainsi vers l'équateur avec ces masses flottantes, qui ne couvrent parfois pas moins de 6 milles carrés de surface.

« Toutes ces grandes lois physiques, si admirables qu'elles nous paraissent, ne sont pourtant qu'un faible échantillon des procédés que la nature met en œuvre pour atteindre ses fins bienfaisantes. Ainsi, ces variations de climat, que nous voyons échelonnées à la surface de la terre, entre les pôles et l'équateur, nous les retrouvons également en nous élevant verticalement au-dessus de cette surface. Les neiges perpétuelles, par exemple, qui couvrent le sol dans le voisinage des pôles, se rencontrent ailleurs à des élévations qui varient de 1 à 6,096 mètres, et qui sont dans la zone torride aux deux tiers environ de la hauteur de certaines montagnes. En Amérique, de l'équateur au tropique sud, et probablement aussi en Afrique entre les mêmes parallèles, sont de hautes chaînes de montagnes, aux sommets couronnés de ces neiges perpétuelles, qui courent nord et sud et se trouvent entièrement sur le passage des vents alizés. Une chaîne analogue, mais de moindre dimension, traverse la péninsule de l'Hindoustan et s'élève en approchant de l'équateur, de manière à atteindre une hauteur de 2,500 mètres à Dodabetta, et de plus de 1,800 mètres à Ceylan. En sens inverse, c'està-dire de l'est à l'ouest, nous avons en Europe les Alpes, et en Asie les gigantesques montagnes de l'Himalaya, toutes deux assez loin vers le sud dans la zone tempérée, et placées sur le trajet des courants aériens. Enfin d'autres chaînes moins importantes, dans la direction des parallèles ou des méridiens, ou dans une direction intermédiaire, s'élèvent partout sur la route des courants atmosphériques, et renouvellent en quelque sorte la provision

de froid de ces masses en mouvement, recevant en échange
la chaleur qui leur manque[1]. »

Tels sont les merveilleux résultats produits séparément
par l'Océan et par l'atmosphère, résultats plus admirables encore lorsque ces deux agents concourent ensemble
à l'échange des températures. Mais nous ne pourrions,
sans sortir de notre sujet, multiplier davantage les exemples de l'harmonie des lois générales qui règnent à la surface du globe, et y entretiennent le mouvement et la vie.

LES MAMMOUTHS. — GLACIER FOSSILE

Nous avons exposé sommairement les principales découvertes dues aux recherches des savants contemporains
sur les phénomènes glaciaires, et nous avons indiqué les
hypothèses pour expliquer l'ancienne extension des glaciers Quoique ces hypothèses s'appuient sur un grand nombre de faits incontestables et sur des théories positives,
elles sont encore enveloppées de bien des incertitudes, et
il nous suffira de résumer quelques observations récentes
pour montrer l'importance des problèmes qui restent à
résoudre, et tout l'intérêt des études qui offrent une riche
moisson aux investigateurs futurs.

On sait que les os du mammouth ou éléphant fossile se
rencontrent en grande abondance dans toute la partie de
la Sibérie qui s'étend, de l'est à l'ouest, depuis les limites de l'Europe jusqu'à l'Amérique, et, du sud au nord,

---

[1] *Instructions nautiques;* par M. F. Maury, directeur de l'Observa-
toire de Washington; traduites par Ed. Vaneechout, lieutenant de
vaisseau. Publiées au Dépôt de la Marine.

depuis la base des montagnes de l'Asie centrale jusqu'aux rivages de la mer Arctique. Dans ce vaste espace, sur les bords de l'Irtish, de l'Obi, du Jénisei, de la Léna et de diverses autres rivières, on a trouvé presque partout des débris fossiles d'éléphant. Les iles de la mer polaire en renferment des quantités si extraordinaires que le versant de l'ile des Ours est formé de collines presque entièrement composées d'ossements de mammouths. Pour donner une idée de ce prodigieux amas, nous dirons qu'on retire annuellement de 60 à 80,000 livres d'ivoire fossile de la Sibérie septentrionale et du groupe d'iles de la Nouvelle-Sibérie. Or, d'après le poids moyen des déenses, qui ne dépasse guère 120 livres, cette quantité d'ivoire provient d'au moins 650 individus; et, comme l'exploitation dure depuis des siècles, on peut juger de l'énorme accumulation des restes de mammouths enfouis dans ces parages, et qu'accompagnent souvent les os du rhinocéros et du buffle de Sibérie, ou bison.

En 1772, Pallas découvrit à Wiljuiskoi, au 64ᵉ degré de latitude, sur les bords de la rivière Wiljui, affluent de la Léna, le corps d'un rhinocéros qui avait dû rester pendant des siècles en état de congélation, et qui pouvait être comparé à une momie naturelle. Nous avons déjà parlé de la découverte, faite trente ans plus tard, du corps entier d'un mammouth, qui avait été engagé dans une masse de glace sur les bords de la Léna, et dont les parties molles étaient encore dans un tel état de conservation que les loups et les ours en mangèrent la chair. La peau de cet animal était couverte de soies noires, semblables à celles d'un sanglier, et qui avaient de 12 à 16 pouces de long. Elle était en outre revêtue d'une laine rougeâtre ayant un pouce de longueur environ. Ce mammouth avait 9 pieds de haut et 16 de long, sans compter les énormes défenses

dont il était armé; son squelette figure au Muséum de
Saint-Pétersbourg.

Le Mammouth

La découverte d'un mammouth en chair et en os n'est
pas un fait unique, et nous citerons à ce sujet l'extrait

suivant du *Voyage* d'Isbrant-Ides, Allemand établi en Russie, qui fut envoyé comme ambassadeur vers l'empereur de la Chine, en 1692 : — « C'est dans les montagnes qui sont au nord-est de cette rivière (le Keta) qu'on trouve les dents et les os de mammouths ; on en trouve aussi sur les rivages du fleuve Jenizea, des rivières de Trugan, Mungazea, Léna, aux environs de la ville de Jakutskoi, et jusqu'à la mer Glaciale. Toutes ces rivières, dans le temps du dégel, ont des cours de glaces si impétueux qu'elles arrachent des montagnes, et roulent avec les eaux des masses de terre d'une grandeur prodigieuse. L'inondation finie, ces masses de terre restent sur leurs bords, et, la sécheresse les faisant fendre, on trouve au milieu des dents de mammouths et quelquefois des mammouths tout entiers. Un voyageur qui venait à la Chine avec moi, et qui allait tous les ans à la recherche des dents de mammouths, m'assura avoir trouvé une fois, dans une pièce de terre gelée, la tête entière d'un de ces animaux dont la chair était corrompue ; les dents sortaient du museau comme celles des éléphants, et ses compagnons et lui eurent beaucoup de peine à les arracher, aussi bien que quelques os de la tête, et entre autres celui du cou, lequel était encore teint de sang ; enfin, ayant cherché plus avant dans la même pièce de terre, il y trouva un pied gelé d'une grosseur monstrueuse, qu'il porta à la ville de Trugan. Ce pied avait, à ce que le voyageur m'a dit, autant de circonférence qu'un gros homme au milieu du corps.

« Les gens du pays ont diverses opinions au sujet de ces animaux. Les idolâtres, comme les Iakutes, les Tunguses et les Ostiakes, disent que les mammouths se tiennent dans des souterrains fort spacieux, dont ils ne sortent jamais ; qu'ils peuvent aller çà et là dans ces souterrains, mais que, dès qu'ils ont passé dans un lieu, le dessus de

la caverne s'élève et ensuite s'abime, formant en cet endroit un précipice profond ; ils sont aussi persuadés qu'un
mammouth meurt aussitôt qu'il voit la lumière, et soutiennent que c'est ainsi que périssent ceux qu'on trouve
morts sur les rivages des rivières voisines de leurs souterrains, où ces animaux s'avancent inconsidérément.

« Les vieux Russes de Sibérie croient que les mammouths ne sont autre chose que des éléphants, quoique
les dents que l'on trouve soient un peu plus recourbées
et plus serrées dans la mâchoire que celles de ces derniers animaux. Avant le déluge, disent-ils, le pays était
fort chaud, et il y avait quantité d'éléphants, lesquels flot-
tèrent sur les eaux jusqu'à l'écoulement et s'enterrèrent
ensuite dans le limon. Le climat étant devenu très-froid
après cette grande catastrophe, le limon gela, et avec lui
les corps d'éléphants, lesquels se conservent dans la terre
sans corruption jusqu'à ce que le dégel les découvre. »

Comme il serait extrêmement intéressant de pouvoir
examiner sur le cadavre d'un de ces éléphants la disposition des organes et le contenu de l'estomac, l'Académie
de Saint-Pétersbourg, sur la proposition d'un de ses membres, M. de Middendorf, avait mis à prix la découverte
d'un corps de mammouth tout entier, et son annonce en
temps utile. Au mois de décembre 1865, l'Académie fut
informée qu'un Samoyède avait trouvé un mammouth
complet, avec la peau, près de la baie du Tas, qui s'ouvre
dans le golfe de l'Obi. L'Académie rédigea immédiatement
les instructions nécessaires pour exploiter cette découverte, et chargea d'une mission spéciale M. F. Schmidt,
connu par ses recherches géologiques. M. Schmidt avait
l'intention de profiter des routes d'hiver pour pousser jusqu'à Ochotskoje, par 70° de latitude, et d'attendre ensuite
la disparition des neiges pour aller à la recherche du

mammouth. On doit espérer que le rapport de ce naturaliste fera faire des progrès importants à nos connaissances sur les mammouths, ces curieux témoins des temps primitifs, dont le nombre surpasse probablement de beaucoup celui de tous les éléphants actuellement vivants.

Tout porte à croire que cette espèce, pourvue d'une fourrure velue et très-épaisse, avait été dotée par la nature de tout ce qui pouvait la mettre à même de résister aux rigoureux hivers d'un climat qui devait cependant produire la végétation propre à la nourrir. Lyell fait observer à ce sujet que, malgré le froid excessif qui règne aujourd'hui dans la partie orientale du continent asiatique, on trouve dans cette région des forêts de sapins, des bois de bouleaux, de peupliers et d'aunes, qui s'avancent, en bordant la Léna, jusqu'au 60e degré de latitude. Sous le cercle polaire, où les grands arbres échangent leurs formes imposantes contre celles d'arbrisseaux rabougris, les mousses et les lichens, nourriture du renne, tapissent partout les rochers. Les champignons et les fougères, plusieurs espèces de saxifrages, et diverses autres plantes s'y développent avec une rapidité surprenante, dès les premiers jours de l'été, sur la légère couche de terre qui recouvre les glaces dans certaines vallées, et offrent un frappant constraste, souvent décrit par les voyageurs, avec le morne aspect d'une région où l'hiver n'abandonne jamais son empire.

« Dans la baie de Kotzebue, au nord-ouest du détroit de Behring, Seemann, naturaliste de l'*Herald*, observa en 1850 un glacier qui présentait une particularité bien remarquable. Au-dessus de l'escarpement terminal du glacier, les marins anglais virent avec surprise une masse argileuse épaisse de 1 à 7 mètres, reposant immédiatement sur la glace : elle était surmontée d'une couche de tourbe portant une végétation luxuriante d'arbrisseaux, tels que des saules, des bruyères et des plantes herbacées entremêlées de mousses et de lichens. Cette tourbière, recouvrant un glacier, est une date géologique. Elle montre déjà que cette glace date de plusieurs siècles ; mais il y a plus : dans les parties éboulées de la terre argileuse, Seemann et ses compagnons recueillirent de grands ossements d'éléphant, de cheval, de renne et de bœuf musqué. Une des défenses de l'éléphant avait 4 mètres de long et pesait 79 kilogrammes. Il ne faut pas oublier que cet éléphant ou mammouth est un animal fossile, une espèce perdue qui ne se trouve plus vivante dans l'hémisphère boréal. Ainsi donc cette glace était contemporaine de l'éléphant et même antérieure à lui ; ce glacier appartient non pas à l'époque actuelle, mais à celle où les glaces du Nord et celles de nos montagnes s'étendaient sur une grande partie de l'Europe et de l'Amérique : c'est un glacier fossile. Les eaux, résultant de la fusion des neiges, ont déposé à la surface de ce glacier la couche d'argile, — qui n'est probablement autre chose que la boue impalpable qui résulte du broiement des roches par la glace, — et charrié en même temps des ossements d'éléphants, de rennes et de bœufs musqués qui avaient péri dans le voisinage. Quelques mousses se sont établies sur cette argile toujours humide ; avec le temps, elles se sont converties en tourbe, sur laquelle ont paru plus tard les végétaux, amis du sol spongieux des tourbières. Protégée par cette couche de terre, la glace n'a jamais fondu, même superficiellement, et s'est conservée, comme les rochers les plus réfractaires aux influences atmosphériques[1]. »

[1] Ch. Martins, *les Glaciers et la période glaciaire.*

Pour expliquer la présence des mammouths et de quelques autres quadrupèdes éteints dans les régions polaires, on a aussi fait observer que les animaux des climats septentrionaux émigrent suivant les saisons. Le bœuf musqué, par exemple, abandonne chaque année ses quartiers d'hiver et traverse la mer sur la glace pour aller paître, durant les mois d'été, les pâturages de l'île Melville, située sous le 75e degré de latitude. On peut donc admettre que les mammouths pouvaient aussi étendre leurs excursions vers le cercle arctique, et, dans ce cas, la conservation de leurs ossements et même de leur corps entier dans la glace ou dans le sol gelé peut s'expliquer sans qu'il soit nécessaire d'admettre aucune révolution subite, soit dans l'ancien climat, soit dans l'état primitif de la surface du globe. Nous résumerons ici les considérations émises par Lyell à l'appui de cette opinion. Il y a lieu de supposer qu'à l'époque où vivait le mammouth, les basses terres de la Sibérie s'étendaient moins vers le nord qu'à présent. Les faits constatés par Wrangel ont d'ailleurs mis en évidence qu'un soulèvement lent du sol, analogue à celui qui s'opère dans une partie de la Suède, de la Norwége et du Groënland, a lieu aussi d'une manière incessante sur les côtes de la mer Glaciale. Un tel changement dans la géographie physique de cette région impliquant l'accroissement constant des terres arctiques, a dû tendre à y augmenter l'intensité des hivers, et c'est plutôt à cette augmentation qu'à une diminution générale de la température moyenne actuelle qu'il faudrait attribuer l'extinction du mammouth et de ses contemporains.

D'un autre côté, les grands fleuves de la Sibérie, se rendant de régions tempérées vers des régions arctiques, sont tous, ainsi que le Mackensie, dans l'Amérique du Nord, sujets à des débordements considérables, causés,

comme nous l'avons dit, par les débâcles qui se produisent
dans leur partie supérieure, alors qu'il sont encore
complétement gelés sur une étendue de plusieurs
centaines de milles près de leurs embouchures. Dans
cet état de choses, les eaux courantes se répandent
sur la glace, et souvent changent de direction, entraînant avec elles d'énormes quantités de terre et de
graviers mêlés de glace. Or les fleuves de la Sibérie
étant au nombre des plus grands cours d'eau du monde,

Glacier fossile.

on conçoit facilement que les animaux noyés dans leurs
eaux peuvent se trouver transportés à de très-grandes
distances dans la direction de la mer Arctique, et durant
ce trajet être ensevelis dans des glaces flottantes ou dans
du limon gelé. Suivant le professeur Baer, de Saint-Pétersbourg, la terre se trouve constamment gelée, jusqu'à la
profondeur de 122 mètres environ, à Yakutzk, ville située
sur la rive occidentale de la Léna, au 62e degré de latitude, et à plus de 200 lieues de la mer polaire. On com-

prend que dans une telle région les corps des animaux enchâssés dans la glace et le limon peuvent y rester indéfiniment, sans être atteints de putréfaction. Ces corps peuvent aussi avoir été engloutis sous quelques amas de neige, transformés en glace compacte, que les courants ont entraînés vers les régions polaires.

En définitive, tout porte à croire que le mammouth, de même que les autres quadrupèdes conformés de manière à pouvoir vivre sous les hautes latitudes, a pu habiter la partie septentrionale de l'Asie, à une époque où le climat était plus doux et plus uniforme qu'il ne l'est à présent.

VARIATIONS DES CLIMATS

Les questions soulevées par la variation des climats du globe ont occupé un grand nombre de savants. En recherchant les causes qui avaient pu déterminer l'élévation ou l'abaissement de la température dans les anciennes périodes, on s'est aussi demandé si l'état thermométrique général avait changé depuis les temps historiques, et s'il change encore aujourd'hui. Nous citerons ici quelques extraits d'une remarquable étude [1] dans laquelle ce problème a été abordé, et qui donne d'ailleurs de nouveaux éclaircissements sur la période glaciaire.

Nos lecteurs pourront trouver dans la note indiquée une théorie générale des deux ordres de saisons qui rè-

[1] Note sur la variation séculaire des climats, *Terre et Ciel*, par Jean Reynaud, 3ᵉ édition

gnent sur chaque planète, dépendant de la variation séculaire des éléments astronomiques. D'après cette théorie,
c'est en 11760 avant notre ère que la saison chaude et la
saison froide ont présenté dans notre hémisphère, en ce
qui concerne la chaleur solaire, le maximum de leur différence, c'est-à-dire les circonstances les plus favorables
à une extension extraordinaire des glaciers : un été court
et ardent répondant à un hiver long et froid. En effet,
le soleil, ne donnant jamais en été que la même quantité totale de chaleur, détermine sensiblement la fusion de la même quantité de glace, tandis qu'au contraire la quantité de glace annuellement formée augmente. en proportion de la rigueur et de la longueur
des hivers.

En 1122 de notre ère la différence en question est au
contraire arrivée à son minimum, et [depuis cette date
notre hémisphère avance de nouveau vers le maximum
du contraste, tandis qu'un effet opposé se produit dans
l'hémisphère sud, qui se trouve dans une position inverse
relativement à la variation du caractère général des
saisons.

« Il suffit, dit Jean Reynaud, d'ouvrir les annales des
peuples du Nord pour reconnaître que le glacier boréal a
justement suivi une marche conforme à la loi dont nous
cherchons à distinguer les effets. Vers le dixième ou on-
zième siècle, les navigateurs scandinaves trouvent la mer
libre sur la côte orientale du Groënland ; ils s'y établissent,
y fondent des colonies qui y prospèrent et qui demeurent
en relation suivie avec l'Europe ; puis, vers le quatorzième
siècle, la mer se ferme, les prolongements du glacier polaire s'étendent le long de cette côte jusqu'à son extrémité méridionale, les communications s'interrompent,
le pays se dépeuple, et la nature polaire reprend pos-

session d'un terrain qu'elle n'avait abandonné que pour quelques siècles, précisément dans les environs du douzième.

« Voilà un fait clair et qu'il est bien permis de considérer comme une preuve que notre planète est effectivement sensible à la variation séculaire des saisons. Il s'accorde d'ailleurs parfaitement avec le changement de climat constaté non-seulement en Islande et dans l'île Jean-Mayen, mais dans l'archipel du nord-ouest, où diverses traces montrent que la population des Esquimaux est chassée d'année en année de ses anciennes stations et obligée de redescendre vers le sud. »

Les glaciers doivent nous offrir les mêmes vérifications, et les observations d'un grand nombre de naturalistes semblent en effet prouver la progression des glaciers en Suisse. Dans l'hémisphère sud, le grand glacier polaire paraît en même temps diminuer, comme l'indique la théorie. La route suivie par Cook, qui côtoya la banquise d'aussi près que possible, est très-différente de celles qui conduisirent James Ross et Dumont-d'Urville à la découverte des terres australes.

Les limites qui nous sont tracées dans ce résumé ne nous permettent pas d'insister sur une théorie soumise à l'analyse mathématique, et pour laquelle le calcul, autant que le permet l'état actuel des sciences physiques, s'accorde avec le raisonnement et l'observation. Cette théorie n'est d'ailleurs, suivant son auteur même, qu'une solution approximative de la question, dont les difficultés s'accroissent si l'on entreprend de l'aborder dans sa totalité, c'est-à-dire en ajoutant à l'action thermologique du soleil l'action thermologique de la planète.

Dans son savant ouvrage sur les *Révolutions de la mer* [1]

[1] Deuxième édition. Paris, 1860. Librairie Lacroix-Comon.

et la périodicité des grands déluges, M. J. Adhémar a fait aussi intervenir les lois cosmologiques dans l'explication des phénomènes qui ont successivement modifié la constitution du globe. Cette explication est basée sur les mêmes principes que celles dont nous venons de donner un aperçu, mais en exagère singulièrement les conséquences. M. Adhémar cherche en effet à prouver que le centre de gravité du globe peut être déplacé par l'accumulation des glaces à l'un des pôles : « Depuis l'année 1248, dit-il, notre hémisphère commence à se refroidir, tandis que l'hémisphère austral se réchauffe ; et, lorsque les glaces du pôle boréal surpasseront celles du pôle austral, le centre de gravité du système traversera le plan de l'équateur. La masse des eaux sera entraînée d'un hémisphère à l'autre, et les continents voisins du pôle antarctique seront abandonnés par la mer, tandis que ceux que nous habitons seront submergés. »

Il ne serait pas impossible, suivant M. Adhémar, de reconnaître le renflement actuel produit par le glacier austral, en observant avec soin l'ombre de la terre dans les éclipses de lune. Il rappelle à ce sujet qu'en juin 1830, le savant M. d'Abbadie observant à Londres les calottes glacées de Mars, le phénomène lui parut si remarquable qu'il en fit un dessin, reproduit dans l'ouvrage de M. Adhémar, et qui représente la planète pointue d'un côté. Or des conditions astronomiques différentes doivent produire, pour Mars, une plus grande inégalité dans les deux glaciers polaires.

Nous ne nous arrêterons pas davantage sur ces théories, exposées par des esprits élevés, sincères, avec beaucoup de science et de talent, et qui, par cela même, nous ont paru dignes d'intéresser nos lecteurs. Mais nous ajouterons, d'accord avec la pensée de Jean Reynaud, que si,

pour entrer dans un nouvel âge, la terre devait encore subir des bouleversements analogues à ceux qui ont marqué
les premières phases de sa formation, sans doute il nous
serait permis de transmettre à nos héritiers le trésor des
vérités morales et scientifiques qui sont le fruit précieux
de nos persévérants efforts, le signe le plus éclatant de
notre commune origine, et le gage le plus certain d'une
destinée en rapport avec la beauté de nos croyances et la
grandeur de nos aspirations.

Ces aspirations, ces croyances, sont d'ailleurs la pure
source de tout grand progrès dans nos sociétés éclairées.
Si le génie et la science, ouvrant aux naturalistes un
monde inconnu, ont commencé la merveilleuse histoire
qui nous permettra un jour de remonter, guidés par les
lois de la géologie, jusqu'aux époques les plus reculées de
la création terrestre ; s'ils ont retrouvé la trace de la succession des phénomènes produits par les forces créatrices,
nous ne devons pas oublier que ce n'est pas seulement en
portant dans de difficiles recherches la rigoureuse méthode
qui féconde l'observation, mais aussi en consacrant à ces
recherches les forces d'un dévouement sincère et d'une
élévation morale dont nous trouvons toujours l'empreinte
dans l'œuvre des esprits d'élite qui ont honoré notre
race. La grandeur de cette double impulsion est très-
bien exprimée dans une éloquente page du naturaliste
Tschudi :

« Ce qui attire l'homme vers les hautes régions, c'est le
sentiment de la puissance spirituelle qui brille en lui et
qui maintient son énergie devant les obstacles parfois terribles que la nature lui suscite ; c'est la satisfaction de
triompher, par l'effort persévérant d'une volonté intelligente, de l'âpre opposition de la matière ; c'est l'ardent
amour de l'éternelle science, le saint désir de découvrir les

lois mystérieuses qui président à la vie universelle. C'est peut-être aussi la noble ambition du seigneur de la terre, qui par un acte libre et hardi veut graver en sa conscience, sur la dernière cime conquise et devant l'immensité du monde qu'il contemple, le sceau de sa parenté avec l'infini. »

FIN.

TABLE DES GRAVURES

TABLE DES MATIÈRES

I. — LA GLACE.

II. — LES GLACIERS.

III. — Période glaciaire.

IV. — Glaciers des Alpes.

V. — Les avalanches.

VI. — Glaces flottantes

FIN DE LA TABLE DES MATIÈRES.